DAMPF 43

Bernhard Rübenach

Auslegung von (Modell-) Dampfmaschinen

Herausgegeben von
Udo Mannek

Neckar-Verlag • Villingen-Schwenningen

Lieber Leser,

wenn neue Erkenntnisse zum vorliegenden Fachbuch oder Änderungen/Korrekturen des Inhaltes vorhanden sind, werden diese auf unserer Webseite www.neckar-verlag.de unter dem jeweiligen Titel zum Download veröffentlicht.

1. Auflage 2016
2. Auflage - überarbeitet - 2021

ISBN: 978-3-7883-2147-5

www.neckar-verlag.de

Printed in Germany by RCOM Print GmbH - 97222 Würzburg-Rimpar

Inhalt

1. Vorbemerkung

Nach dem Studium einiger Bücher aus der Reihe Dampf, die dem Modellbauer einen Überblick über technische Lösungen im Steuerungsbereich liefern, habe ich mich entschlossen, tiefer in diese Materie einzusteigen. Mit Hilfe älterer Literatur aus dem Maschinenbau ist es mir gelungen, einen weitaus umfassenderen Einblick in die technisch-physikalischen Zusammenhänge zu erhalten. Die zum größten Teil aus den Jahren 1912 bis 1970 stammenden Bücher weckten in mir den Wunsch, die erarbeiteten Erkenntnisse niederzuschreiben und so einem größeren Kreis von „Modellbauern" zugänglich zu machen.

Außerdem wollte ich den Versuch wagen, den eigenen Modellbau meiner jahrzehntelangen Konstruktionspraxis anzugleichen und den häufig beschrittenen Weg aus Versuch und Irrtum zu vermeiden; denn auch dem Modellbauer stehen Zeit und Material nicht in unbegrenzter Menge zur Verfügung.

Der vorliegende Beitrag versucht die wichtigsten Fragen anhand entsprechender Beispiele zu beantworten. Neben einem allgemeinen Überblick über die Maschinen- und Steuerungsvarianten soll die Beschreibung des Kreisprozesses einer Kolbendampfmaschine helfen die Dimensionierungsgrundlagen zu vermitteln. Darauf aufbauend folgt die Berechnung der Kanal- und Schieberabmessungen, um anschließend Zusammenhänge in Form der bekannten Schieberdiagramme zu beschreiben. Letztendlich werden die Erkenntnisse aus den theoretischen Betrachtungen am Beispiel eines ausgeführten Modells vertieft.

Die im Laufe des Textes in eckigen Klammern eingefügten Ziffern z. B. [4] verweisen auf die im Anhang aufgelisteten Literaturquellen.

Meinen besonderen Dank möchte ich an dieser Stelle meiner Frau Gaby aussprechen, die tapfer die trockenen Texte nach Fehlern durchsuchte und mir beim Korrigieren half.

Bernhard Rübenach

1.1 Verwendete Abkürzungen und Formelzeichen

A	Fläche allgemein	[mm²]; [cm²]; [m²]
A_a	Kanalquerschnitt (Fläche)	[mm²]; [cm²]; [m²]
A_k	Kolbenfläche	[mm²]; [cm²]; [m²]
A_{kanal}	Kanalquerschnitt	[mm²]; [cm²]; [m²]
a	Beschleunigung	[m/s²]; [cm/s²]
a	Kanalbreite	[mm]; [cm]
A_s	Schieberfläche	[mm²]; [cm²]
b, B	Breite allgemein	[mm]; [cm]; [m]
C	Kompressionspunkt	[---]
D	Kolben-, Zylinderdurchmesser	[mm]; [cm];
e	äußere Überdeckung	[mm]; [cm]
E_e	Punkt des Einströmendes	[---]
F	Kraft	[N]
F_u	Umfangskraft	[N]
F_N	Normalkraft	[N]
F_r	Reibkraft	[N]
h_k	Kolbenhub	[mm]; [cm]; [m]
h_s	Schieberhub	[mm]; [cm]; [m]
i	innere Überdeckung	[mm]; [cm]
J	Massenträgheitsmoment	[kgm²]
l_p	Kurbel-, (Pleuel-)stangenlänge	[mm]; [cm]; [m]
l_e	Exzenterstangenlänge	[mm]; [cm]; [m]
m	Masse	[kg]
M	Drehmoment	[Nm]
M_R	Reaktions-, Bremsmoment	[Nm]
n	Drehzahl	[1/min];
n_s	sekündliche Drehzahl	[1/s]
OTK	oberer Kolbentotpunkt	[---]
OTS	oberer Schiebertotpunkt	[---]
p	Druck allgemein	[Pa]; [bar]
p_1	Schieberkastendruck	[Pa]; [bar]
R	Außenradius	[mm]; [cm]
r	Innenradius	[mm]; [cm]
r_k	Kurbelradius	[mm]; [cm]
r_e	Exzenterradius	[mm]; [cm]
r_s	Radius Steuerbohrungen	[mm]; [cm]
s	Weg allgemein	[mm]; [cm]; [m]
s_k	Kolbenweg	[mm]; [cm]; [m]
s_s	Schieberweg	[mm]; [cm]; [m]
s_c	Kompressionsweg	[mm]; [cm]; [m]
s_d	Weg der Dampfdehnung	[mm]; [cm]; [m]
s_{Va}	Weg der Vorausströmung	[mm]; [cm]; [m]
s_{Ve}	Weg der Voreinströmung	[mm]; [cm]; [m]
s_{cd}	Kompressionsweg deckelseitig	[mm]; [cm]; [m]
s_{dd}	Weg der Dampfdehnung deckelseitig	[mm]; [cm]; [m]
s_{Vad}	Weg der Vorausströmung deckelseitig	[mm]; [cm]; [m]
s_{Ved}	Weg der Voreinströmung deckelseitig	[mm]; [cm]; [m]

s_{ck}	Kompressionsweg kurbelseitig	[mm]; [cm]; [m]
s_{dk}	Weg der Dampfdehnung kurbelseitig	[mm]; [cm]; [m]
s_{Vak}	Weg der Vorausströmung kurbelseitig	[mm]; [cm]; [m]
s_{Vek}	Weg der Voreinströmung kurbelseitig	[mm]; [cm]; [m]
s_z	Zylinderwandstärke	[mm]
t	Zeit allgemein	[s]
t_h	Hubzeit	[s]
t_b	Bremszeit	[s]
UTK	unterer Kolbentotpunkt	[---]
UTS	unterer Schiebertotpunkt	[---]
v	Geschwindigkeit	[m/s]
v_D	Dampfgeschwindigkeit	[m/s]
v_k	Kolbengeschwindigkeit	[m/s]
v_{kmax}	maximale Kolbengeschwindigkeit	[m/s]
V	Volumenstrom	[mm³/s]; [cm³/s]; [m³/s]
V	Volumen allgemein	[mm³]; [cm³]; [m³]
V_a	Punkt der Vorausströmung	[---]
V_e	Punkt der Voreinströmung	[---]
V_s	Schädlicher Raum	[mm³]; [cm³]; [m³]
V_h	Hubvolumen	[mm³]; [cm³]; [m³]
x	Strecke allgemein, Fehlerglied	[mm]; [cm]; [m]
$a, ß$	Winkel allgemein	[°]
a	Winkelbeschleunigung	[1/s²];
a	Ausströmwinkel von V_a bis C_e	[°]
a_d	Einströmwinkel von V_{ad} bis C_d deckelseitig	[°]
a_k	Einströmwinkel von V_{ak} bis C_k kurbelseitig	[°]
δ	Voreilwinkel	[°]
ε	Einströmwinkel von V_e bis E_e	[°]
ε_d	Einströmwinkel von V_{ed} bis E_{ed} deckelseitig	[°]
ε_k	Einströmwinkel von V_{ek} bis E_{ek} kurbelseitig	[°]
γ	spez. Gewicht	[g/cm³]; [kg/dm³]
γ_{St}	spez. Gewicht Stahl	[g/cm³]; [kg/dm³]
γ_{Al}	spez. Gewicht Aluminium	[g/cm³]; [kg/dm³]
γ	spez. Gewicht	[g/cm³]; [kg/dm³]
ω	Winkelgeschwindigkeit	[1/s]
χ	Kurbelwinkel	[°]
χ_C	Kurbelwinkel im Kompressionspunkt	[°]
χ_{Ee}	Kurbelwinkel im Punkt Einströmende	[°]
χ_{Ve}	Kurbelwinkel im Punkt Voreinströmung	[°]
χ_{Va}	Kurbelwinkel im Punkt Vorausströmung	[°]
μ	Reibungswert	[---]
ρ	Winkelversatz Kurbel-Exzenter	[°]
σ	Exzenterwinkel	[°]
σ_C	Exzenterwinkel im Kompressionspunkt	[°]
σ_{Ee}	Exzenterwinkel im Punkt Einströmende	[°]
σ_{Ve}	Exzenterwinkel im Punkt Voreinströmung	[°]
σ_{Va}	Exzenterwinkel im Punkt Vorausströmung	[°]
τ	Neigungswinkel der Schieberachse	[°]

2. Grundlagen

Die Aufgabe der Steuerung ist es, den Frischdampf, als Träger der im Verbrennungsprozess aufgenommenen Energie, so zu lenken, dass zum richtigen Zeitpunkt die richtige Kolbenfläche mit dem zur Verfügung stehenden Dampfdruck beaufschlagt wird.

Hierbei wird die im Dampf enthaltene Druck- bzw. Wärmeenergie in mechanische Arbeit umgewandelt (Bild 1).

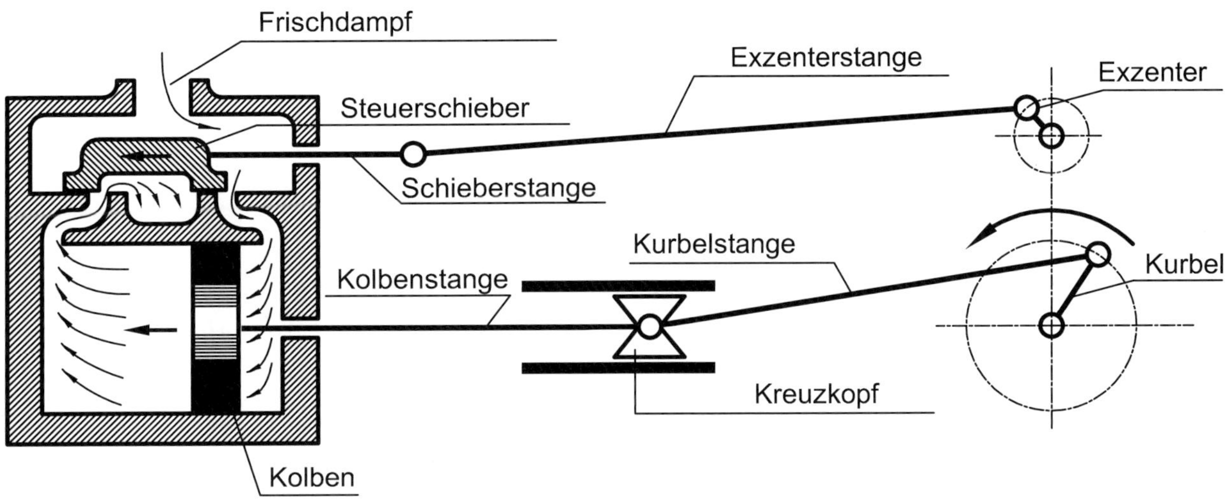

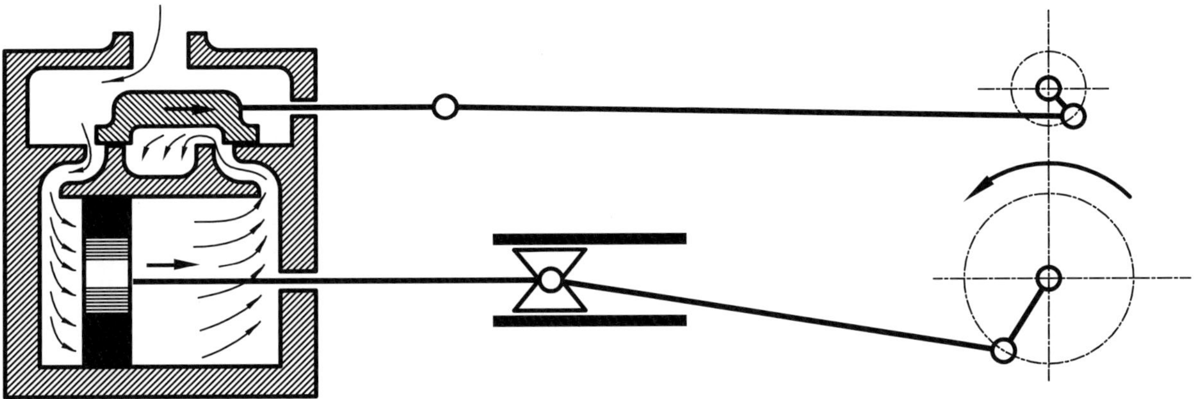

Bild 1: Steuerungsfunktion

Die im Bild 1 angedeutete Schiebersteuerung stellt nur eine der möglichen Steuerungsvarianten dar. Im Modellmaschinenbau findet man erstaunlicherweise alle in der Großmaschinenpraxis angewandten Steuerungsvarianten wieder. Noch erstaunlicher ist die Ideenvielfalt, mit der Modellbauer die bekannten Steuerungsvarianten modifizieren.

Den Versuch, diese enorme Vielfalt hier zu berücksichtigen, habe ich im Vorfeld aufgegeben, möchte aber dennoch eine grobe Übersicht über die Struktur der Dampfsteuerungen geben.

Teilt man die bekannten Steuerungsvarianten nach ihrer Funktion auf, entsteht eine Struktur, die es ermöglicht, die unterschiedlichen Lösungen gegeneinander abzugrenzen (Bild 2).

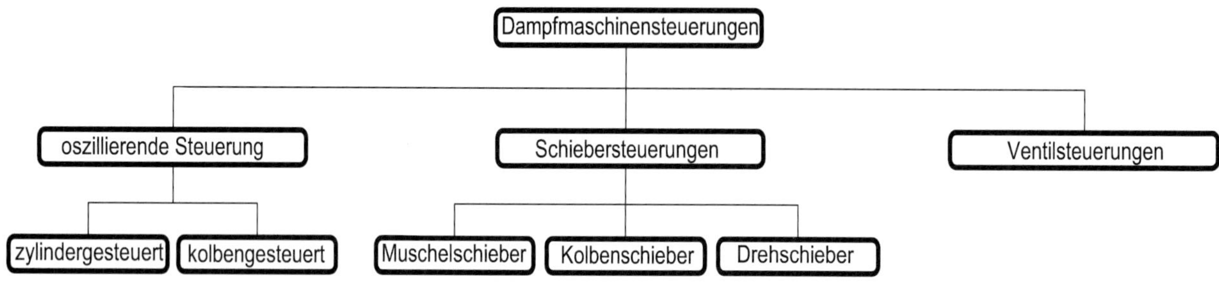

Bild 2: Steuerungsstruktur

2.1 Oszillierende Steuerungen

Die wohl einfachste Variante einer oszillierenden Steuerung ist die zylindergesteuerte. Sie steht meist am Beginn einer Modellbauerlaufbahn [10; 11; 12]. Hierbei ist grundsätzlich der aus dem Kurbeltrieb resultierende Schwenkwinkel des Zylinders (Bild 3) für die Dampfsteuerung verantwortlich.

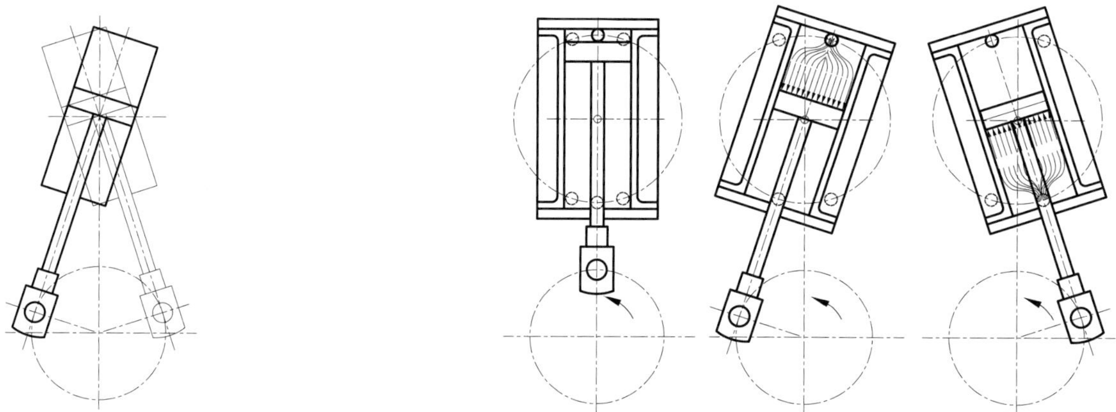

Bild 3: Zylinderschwenkwinkel

Bild 4: Zylinder steuert den Dampfwechsel

In Bild 4 sehen wir eine Variante, die trotz der fertigungstechnisch leicht umzusetzenden Lösung nicht darüber hinwegtäuschen kann, dass die Zusammenhänge von Schwenkwinkel, Kanaldurchmesser und schwenkwinkelabhängigem Öffnungsgrad der Kanalbohrungen keineswegs in geometrisch einfache Funktionsabläufe zu bringen sind. Dennoch ist diese Art der Steuerung am ehesten geeignet, um erfolgreich funktionsfähige Modelle zu erstellen, und wird in den Miniaturen des Dampfmodellbaus bevorzugt verwendet.

Eine detaillierte Darstellung dieser Maschinenart mit Berechnungsbeispiel ist im Kapitel 6 enthalten.

Es gibt aber auch eine zylindergesteuerte Lösung, die im Großmaschinenbau Verwendung fand [9], und im weitesten Sinne mit dem Drehschieber verwandt ist. Bei dieser Variante wird der Aufhängungspunkt des Zylinders genutzt und die Steuerung über einen „stillstehenden Schieber“ mit oszillierendem Gehäuse verwirklicht (Bild 5).

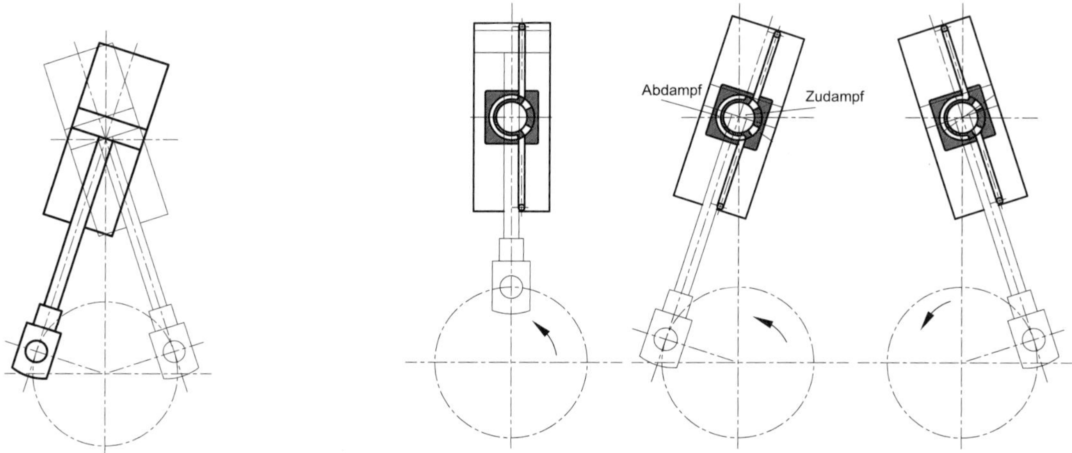

Bild 5: Dampfsteuerung mit stillstehendem Schieber (Hahn) und oszillierendem Zylinder

Vorteilhaft ist, dass man diese Steuerungsvariante mit einer Ein- (e) und Ausströmüberdeckung (i) versehen kann, aber diesem Thema werden wir uns intensiv bei der Schieberdimensionierung zuwenden.

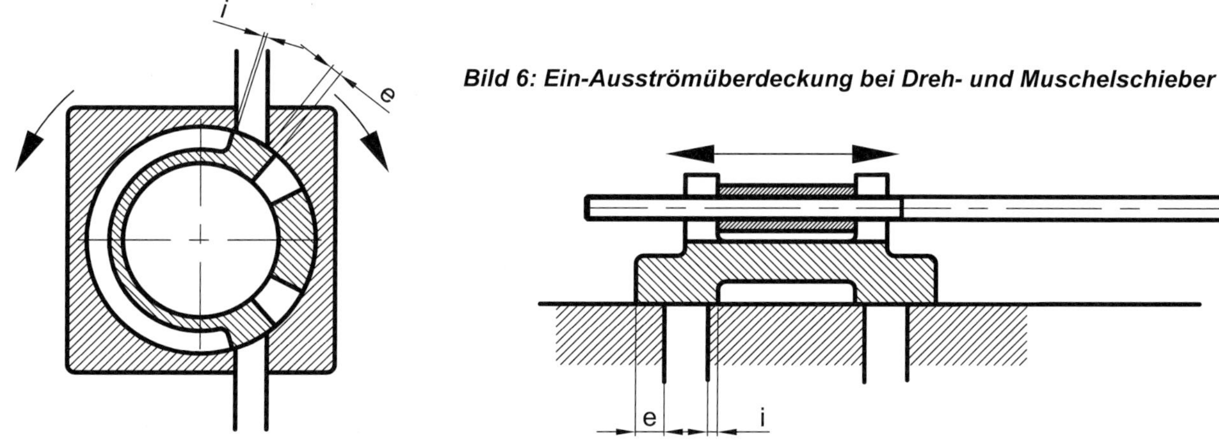

Bild 6: Ein-Ausströmüberdeckung bei Dreh- und Muschelschieber

Bei den kolbengesteuerten Maschinen kommt praktisch das gleiche Wirkungsprinzip zum Tragen, nur dass hier die oszillierende Pleuelstange die Aufgabe der Dampfsteuerung übernimmt.

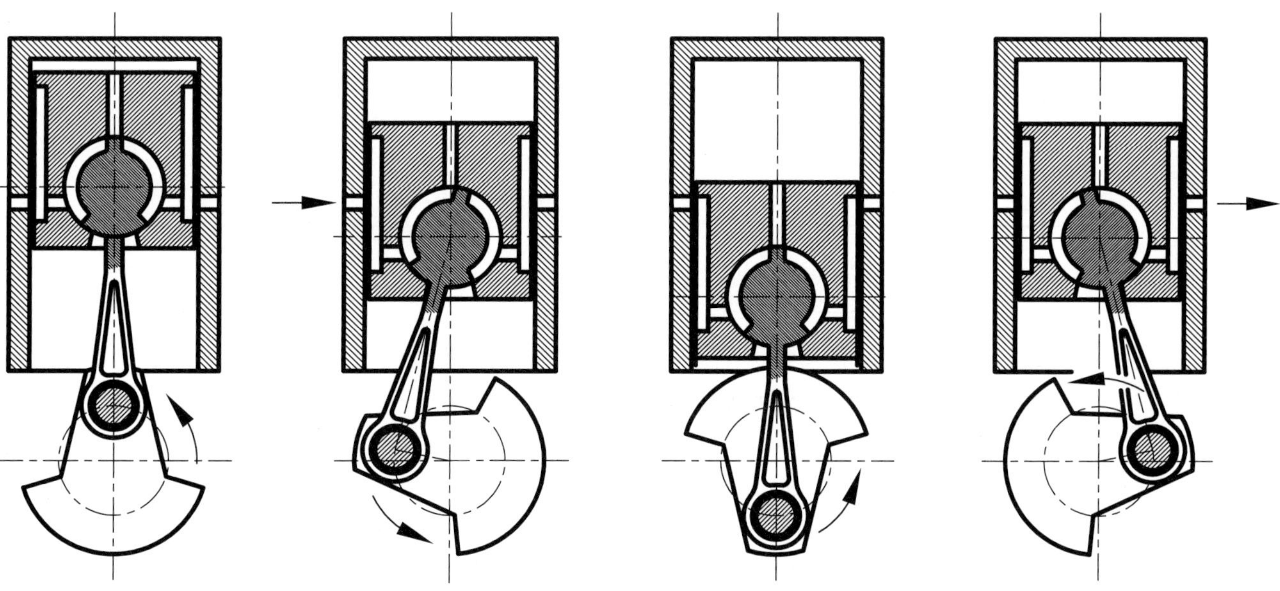

Bild 7: Kolbengesteuerte Dampfmaschine

So faszinierend eine derartige Steuerung ist, so wichtig ist es, die Grenzen des Möglichen im Auge zu behalten. Modelldampfmaschinen wurden schon mehrfach als kolbengesteuerte Variante gebaut, aber die verhältnismäßig großen Kolben- und Pleuelabmessungen führen zu entsprechend großen oszillierenden Massen, die der Laufruhe dieser Maschinen nicht gut bekommen. Außerdem können diese Maschinen systembedingt nur als einfachwirkende Dampfmaschinen gebaut werden.

Eine besondere Variante der kolbengesteuerten Maschinen sehen wir in Bild 8. Diese besitzt einen oszillierenden Zylinder, verzichtet aber auf die oben beschriebenen Steuermechanismen. Bei dieser, eher an eine Gleichstrommaschine erinnernden Ausführung steuert der Kolben über Überströmkanäle den Frischdampf in den Arbeitsraum des Zylinders und der Kolbenboden gibt im unteren Totpunkt den Ausströmkanal frei [19; 20].

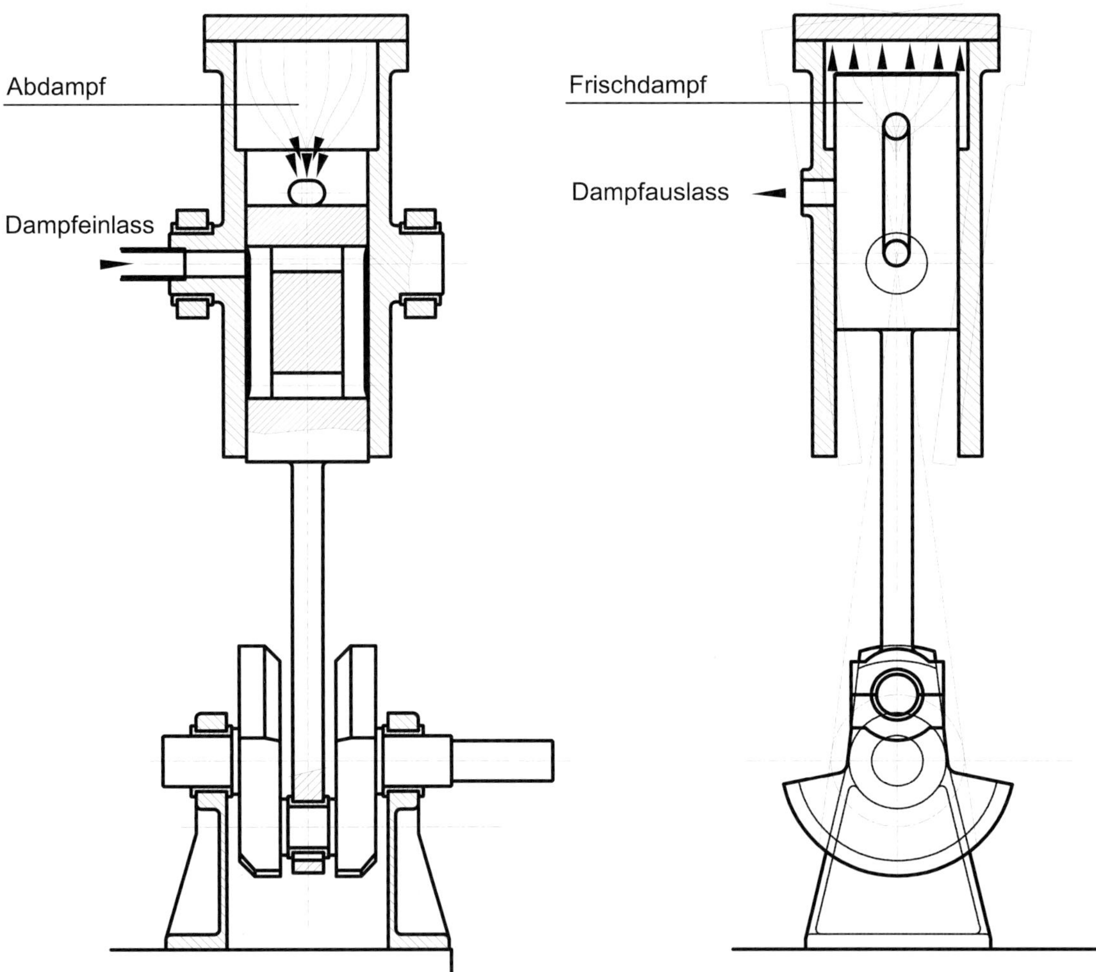

***Bild 8:** Kolbengesteuerte, einfachwirkende Dampfmaschine*

Durch die verhältnismäßig große, im Zylinder verbleibende Abdampfmenge benötigt diese Variante einen großen „schädlichen Raum“, um die Komprimierungsarbeit gering zu halten [14].

Was sich hinter dem „schädlichen Raum“ verbirgt, lässt sich aus Bild 9 entnehmen. Das sich zwischen dem Kolben und dem Absperrorgan (in diesem Fall dem Schieber) befindende Dampfvolumen reduziert das aktive, während des Arbeitshubs einströmende Frischdampfvolumen und damit auch den Wirkungsgrad der Maschine.

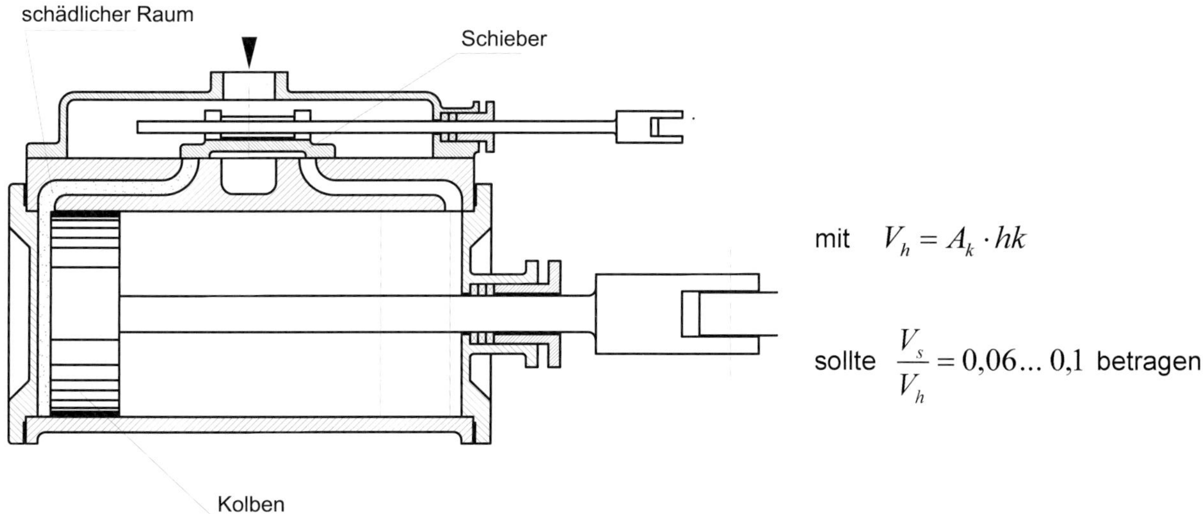

mit $V_h = A_k \cdot hk$

sollte $\frac{V_s}{V_h} = 0{,}06 \ldots 0{,}1$ betragen

Bild 9: Schädlicher Raum am Beispiel einer Schiebermaschine

Für alle Ausführungsarten muss dem schädlichen Raum V_S besondere Beachtung geschenkt werden. Im Großmaschinenbau versuchte man diesen Raum auf 6 % bis 10 % des Hubvolumens zu begrenzen.

An dieser Stelle möchte ich noch eine besondere Maschinenvariante beschreiben, die als Bindeglied zwischen den oszillierenden und schiebergesteuerten Maschinen in den Anfängen des Dampfschiffbaus eine große Bedeutung erlangt hat. Es handelt sich hierbei um oszillierende Maschinen mit Schiebersteuerungen (Bild 10).

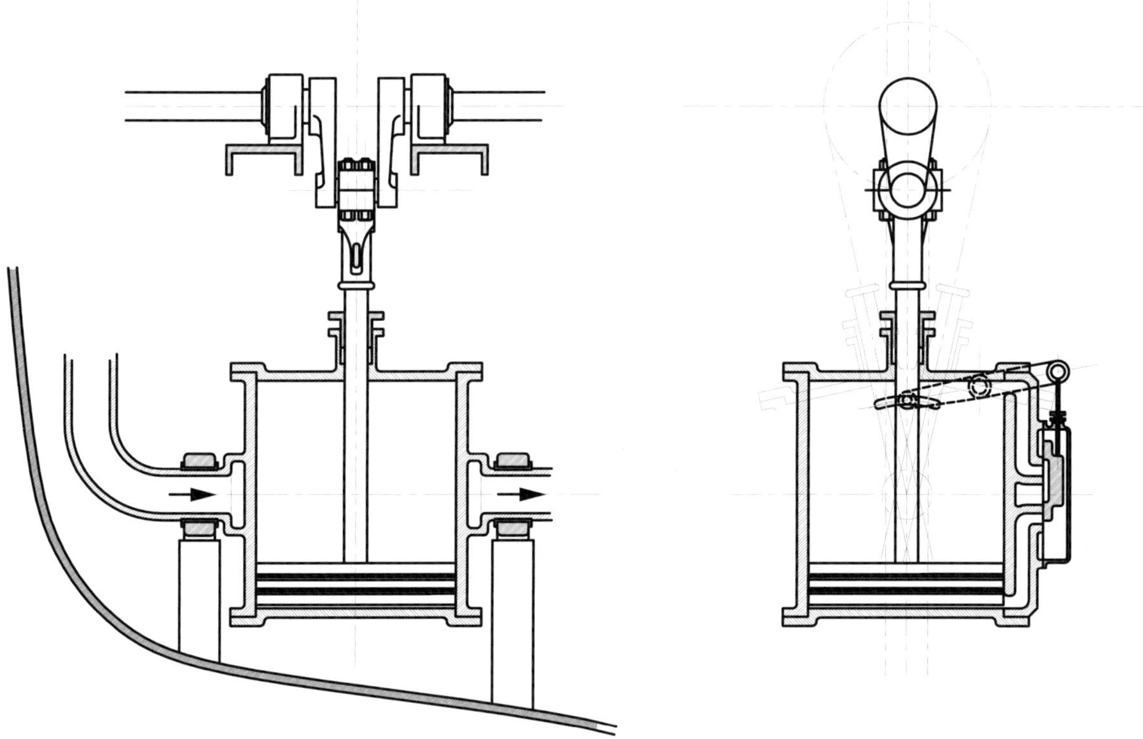

Bild 10: Oszillierende Schiffsmaschine

Die Motivation zum Bau derartiger Maschinen war der naturgemäß begrenzte Raum im Rumpf eines Schiffes.

Durch die direkt auf die Kurbelwelle wirkende Kolbenstange werden Kurbelstange und Kreuzkopf überflüssig. Hierdurch kann die Bauhöhe der Maschinen sehr gering gehalten werden.

Hinzu kommt, dass die damals in der Dampfschifffahrt verwendeten Schaufelräder eine sehr kompakte Antriebseinheit und eine quer zum Rumpf verlaufende Antriebswelle erforderten.

Befasst man sich näher mit der Technik dieser Maschinen, trifft man auf unterschiedlichste Steuerungsvarianten.

Zunächst liegt es nahe, die Schieberbewegung aus der Schwenkbewegung des Zylinders abzuleiten. Dies hat jedoch den Nachteil, dass die Steuerpunkte immer symmetrisch zum Schwenkwinkel liegen und eine günstige Dampfverteilung nicht zu realisieren ist. Die Lösung dieses Problems brachte die nach ihrem Erfinder benannte Pennsche-Kulisse [17]. Der Mittelpunkt der Pennschen-Kulisse liegt auf der Drehachse des Zylinders. Ein auf der Kurbelwelle angebrachter Exzenter hebt und senkt diese Kulisse, wobei ein Umlenkhebel die Hubbewegung auf die Schieberstange überträgt.

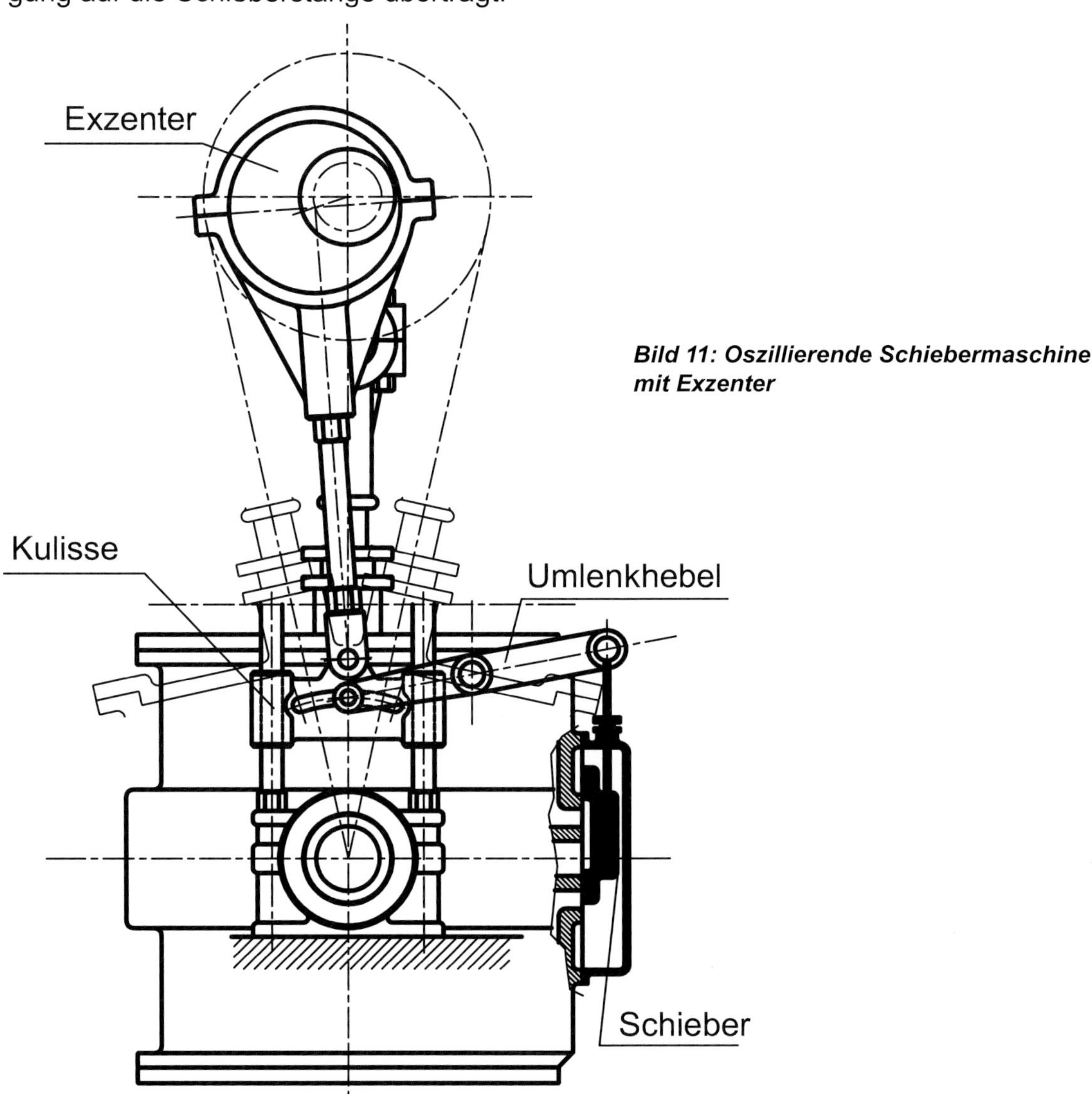

Bild 11: Oszillierende Schiebermaschine mit Exzenter

Eine weitere Maschine mit oszillierendem Zylinder und Schiebersteuerung ist die wohl vielen bekannte Hochdruckmaschine von Dr. Alban aus dem Jahr 1840 [18]. Im Gegensatz zu den vorhergenannten Maschinenarten wird bei dieser Maschine ein Schieber betätigt, der über eine Gelenkkette von der Schwenkbewegung des Zylinders aktiviert wird.

2.2 Schiebersteuerungen

Die für den Modellbauer interessantesten Steuerungsvarianten finden wir im großen Bereich der schiebergesteuerten Maschinen. Der im Vergleich zu den oszillierenden Maschinen vermeintlich größere Bauaufwand wird durch die höhere Funktionalität und den daraus resultierenden Anpassungsmöglichkeiten mehr als kompensiert. Dies ist auch der Grund, warum in diesem Beitrag die Schiebermaschinen im Mittelpunkt der technisch-physikalischen Betrachtung stehen.

Bei Schiebermaschinen wandelt der fest mit der Kurbelwelle verbundene Exzenter die rotierende Bewegung der Kurbelwelle in eine oszillierende Bewegung des Schiebers um.

Hierdurch wird sichergestellt, dass in Abhängigkeit von der Kolbenbewegung immer die richtige Seite des Kolbens mit Frischdampf beaufschlagt wird.

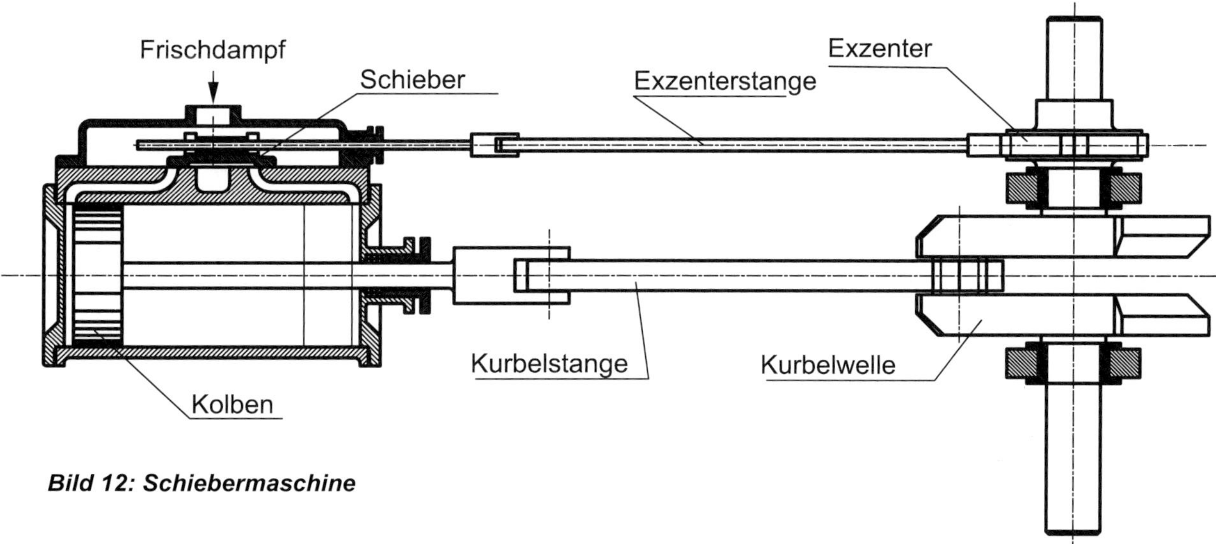

Bild 12: Schiebermaschine

Grundsätzlich wird die Dampfsteuerung der Schiebermaschinen in einen äußeren und einen inneren Steuerungsanteil aufgeteilt.

Zur äußeren Steuerung gehören alle Komponenten, die vom Exzenter bis zum Schieberkasten die Größe und die Richtung der Schieberbewegung bestimmen. Bei der einfachen Schiebersteuerung (Bild 12) sind dies Exzenter und Exzenterstange mit den Verbindungs- und Dichtungselementen bis zum Schieber. Der in Bild 12 dargestellte Schieberantrieb muss nicht zwingend von einem Exzenter erfolgen. Hier kann auch eine Kurbel oder Gegenkurbel, wie es bei Lokomotivsteuerungen häufig der Fall ist, als Antrieb dienen.

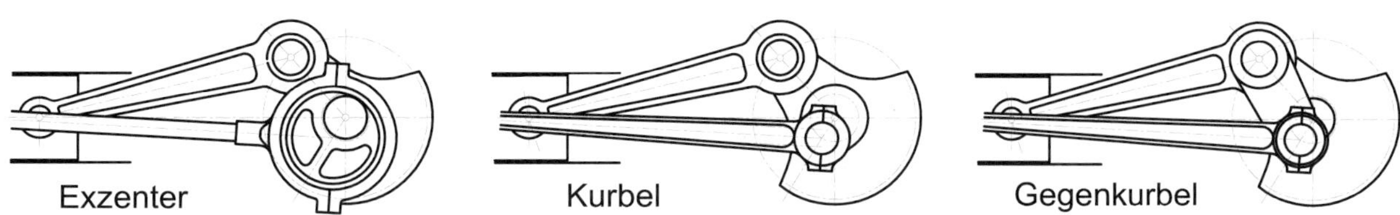

Bild 13: Varianten des Schieberantriebs

Die innere Steuerung besteht im Wesentlichen aus dem Steuerschieber, den Einstellelementen im Schieberkasten und dem Schieberspiegel mit den Dampfkanälen.

Warum wird eine derartige Aufteilung vorgenommen? Nun ja, für die reine Funktion einer wechselnden Beaufschlagung des Kolbens mit Frischdampf würde diese Differenzierung nicht erforderlich sein, aber die Steuerung muss auch noch weitere Aufgaben übernehmen. Hierzu gehören Leistungs- und Drehzahlregulierung ebenso wie die Umkehr der Drehrichtung. Die Lösung dieser Aufgaben finden wir fast ausschließlich in der äußeren Steuerung. Für die innere Steuerung verbleibt dagegen der Anteil des Öffnens und Schließens der Dampfkanäle. Bild 14 zeigt beispielhaft den inneren und äußeren Steuerungsanteil, inklusive der Funktionselemente zur Beeinflussung von Leistung/Drehzahl und Drehrichtung.

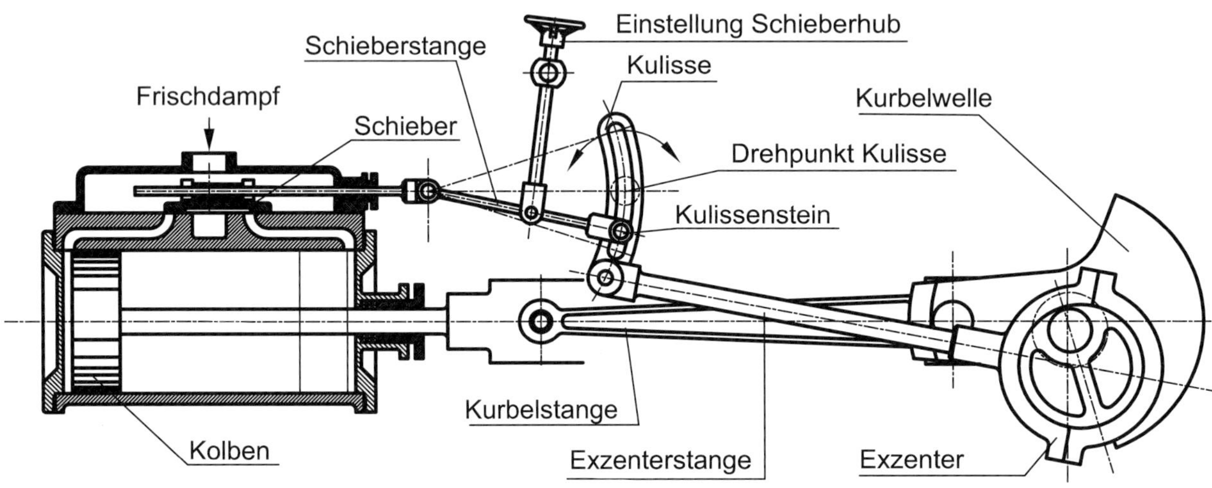

Bild 14: Kulissensteuerung

Durch die mittig gelagerte Kulisse entsteht die Möglichkeit, die Bewegungsrichtung des Schiebers, im Verhältnis zur Bewegungsrichtung der Exzenterstange, umzukehren und so auch die Drehrichtung der Kurbelwelle zu ändern.

Durch Schwenken der Schieberstange wird der Abstand des Kulissensteins zum Drehpunkt der Kulisse verändert, was wiederum einem größeren oder kleineren Schieberhub erzeugt und so die Frischdampffüllung beeinflusst. Dies hat dann Auswirkung auf Maschinendrehzahl und Leistung. Außerdem wird durch die Verschiebung des Kulissensteins über den Drehpunkt der Kulisse hinaus, die Bewegungsrichtung der Schieberstange im Verhältnis zur Kurbelstange umgekehrt, was zur Drehrichtungsumkehr führt.

Zu beachten ist, dass Bild 14 nur dazu dient, die Funktion einer Kulissensteuerung zu verdeutlichen. Bei einer Übertragung dieser Darstellung in ein Modell würde der feste Drehpunkt der Einstellspindel zu einer Verzerrung der Schieberbewegung führen. Um diesen Nachteil zu vermeiden, wurden verschiedene Varianten der äußeren Steuerung entwickelt auf die wir kurz eingehen sollten.

2.2.1 Die äußeren Steuerungen

Die Stephenson-Steuerung

Bei dieser Steuerung (Bild 15) sorgen zwei Exzenter für die oszillierende Kulissenbewegung, die nach ihrer Funktion Vorwärts- und Rückwärtsexzenter genannt werden.

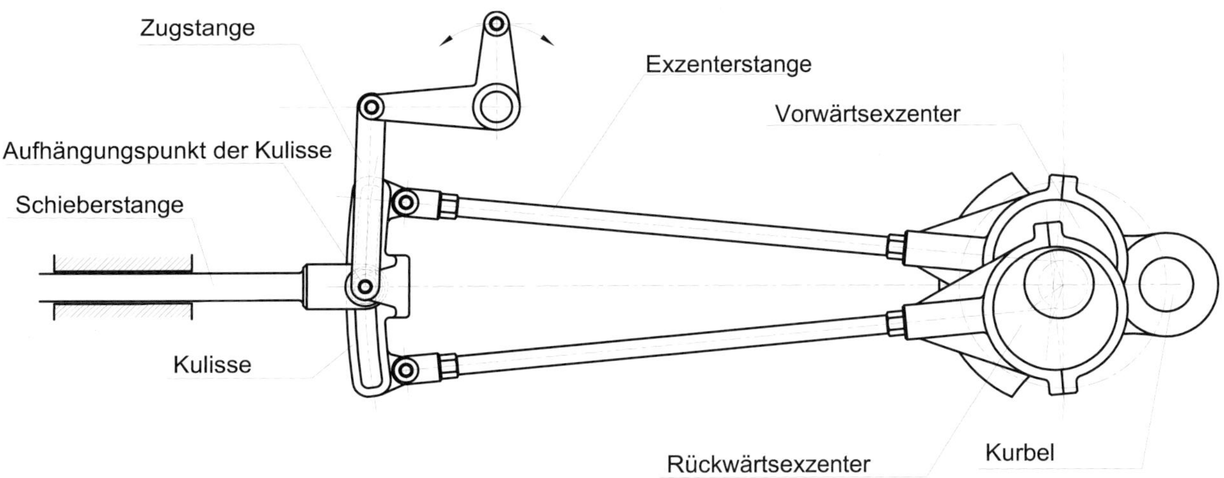

Bild 15: Stephenson-Steuerung

Durch Heben oder Senken der Kulisse werden auch die Exzenterstangen gehoben oder gesenkt. Hierdurch greift die in einer festen Führung gelagerte Schieberstange in einem kleineren oder größeren Abstand vom Drehpunkt der Kulisse an, was sich auf die Größe des Schieberhubs auswirkt.

Befindet sich der Angriffspunkt der Schieberstange oberhalb des Kulissendrehpunkts, bestimmt der Vorwärtsexzenter die Bewegungsrichtung des Schiebers. Je größer der Abstand zwischen Kulissendrehpunkt und Angriffspunkt der Schieberstange ist, desto größer wird auch die Füllung des Zylinders mit Frischdampf.

Liegt der Angriffspunkt jedoch unterhalb des Kulissendrehpunkts, übernimmt der Rückwärtsexzenter die Aufgabe, den Schieber zu bewegen, und die daraus resultierende Bewegungsrichtung des Schiebers führt zu einer Änderung der Drehrichtung.

Nachteilig ist aber, dass die Kulisse nicht nur um ihren Drehpunkt schwenkt, sondern auch eine, durch die Länge der Zugstange bestimmte, Pendelbewegung ausführt. Diese Erkenntnis wirft die Frage nach dem optimalen Anbindungspunkt der Zugstange an der Kulisse auf.

Man ist geneigt, den Anbindungspunkt möglichst tief zu legen und der Zugstange eine große Länge zu geben, um so die Beeinflussung der Steuerpunkte möglichst klein zu halten. Betrachtet man die Bewegungsabläufe aber genauer, wird deutlich, dass ein außermittiger Drehpunkt zwar positiv für die eine, aber negativ für die andere Drehrichtung ist. Solange die Maschine überwiegend in nur eine Richtung laufen soll, kann dieser Nachteil übergangen werden. Sinnvoller ist jedoch, den Aufhängungspunkt in die Mitte der Kulisse zu legen.

Auch wenn diese Variante zu den ältesten äußeren Steuerungen gehört, ist ihr ein Platz in Modellmaschinen sicher. Vor allem in Schiffsmaschinen ist diese Steuerung ein fester Bestandteil.

Deshalb wurde, als Ergänzung der später beschriebenen Modelldampfmaschine, eine Stephenson-Steuerung als Zeichnungssatz angefügt. Aber nicht nur aus diesem Grund ist es sinnvoll, etwas genauer auf diese Steuerung einzugehen.

Neben dem von der Kulissenstellung abhängigen Schieberhub beeinflusst auch der Exzenterstangenverlauf den Dampfwechsel. So gibt es offene oder gekreuzte Exzenterstangen, die einen entscheidenden Einfluss auf Öffnungsgeschwindigkeit und Schieberhub haben.

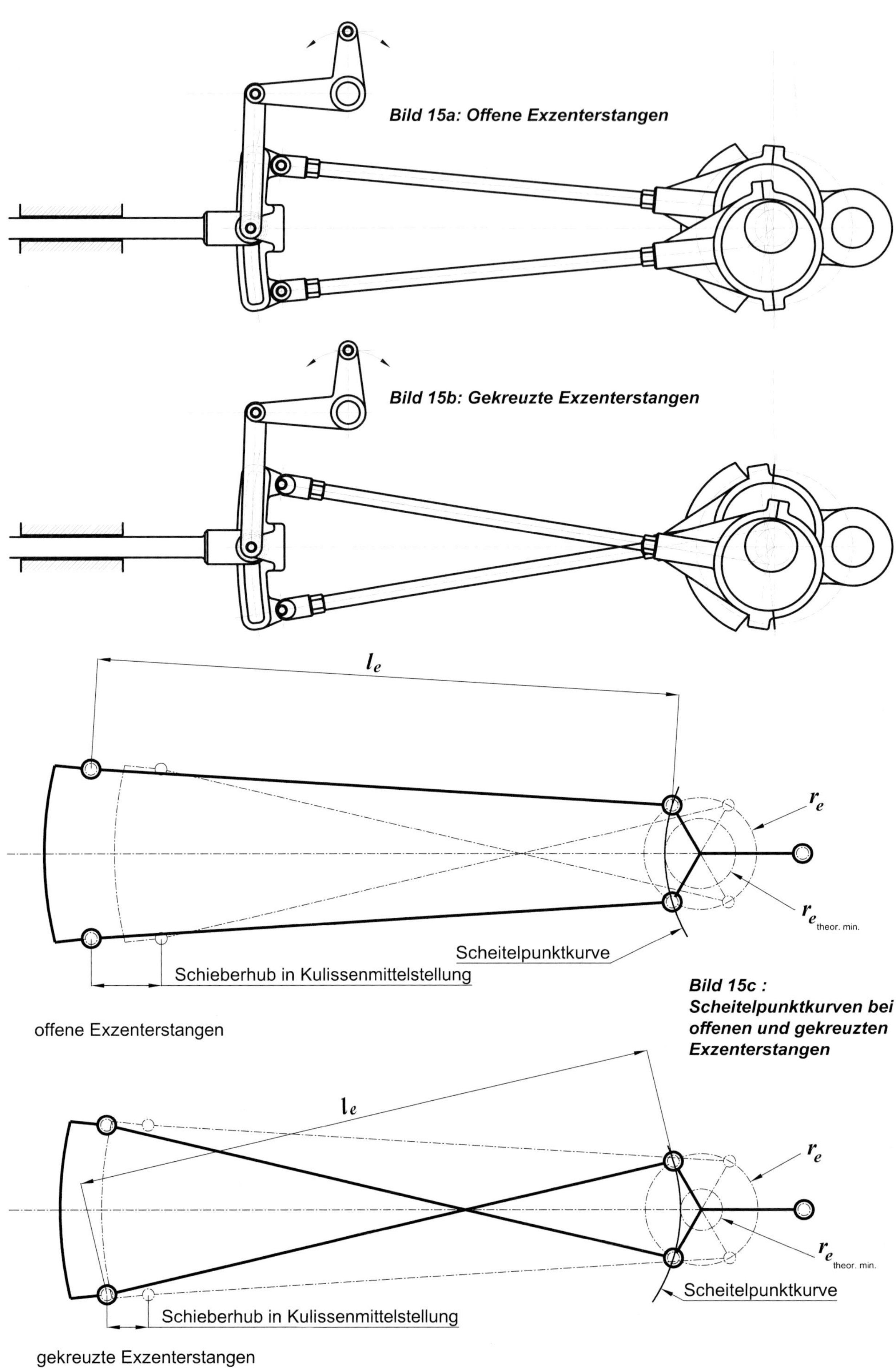

Bild 15c : Scheitelpunktkurven bei offenen und gekreuzten Exzenterstangen

Der von der Kulissenstellung abhängige Schieberhub lässt sich mit Hilfe eines resultierenden Exzenterradius darstellen. Trägt man die mit der Verstellung der Kulisse entstehenden resultierenden Radien in einer Scheitelpunktkurve ab, so erkennt man zwei vom Exzenterstangenverlauf bestimmte Funktionen.

Bei offenen Stangen ist der Verlauf der theoretischen Radien, auf die Kurbelmitte bezogen, konvex, und bei gekreuzten Stangen konkav. Dies wiederum hat zur Folge, dass bei gekreuzten Stangen der Schieberausschlag in Kulissenmittelstellung gering ist, die Öffnungsgeschwindigkeit aber entsprechend größer ausfällt. Bei offenen Stangen ist hingegen der Schieberhub in Kulissenmittelstellung relativ groß, was bei entsprechender Dimensionierung auch in Kulissenmittelstellung noch eine signifikante Füllung zur Folge hat.

An dieser Stelle sollten wir noch einmal auf die oszillierenden Schiffsmaschinen mit Schiebersteuerung zurückkommen. Durch die Kombination der Pennschen-Kulisse mit der Stephenson-Steuerung wurde es möglich, auch bei diesen Maschinen sowohl Drehrichtung als auch Leistung den Erfordernissen anzupassen (Bild 16).

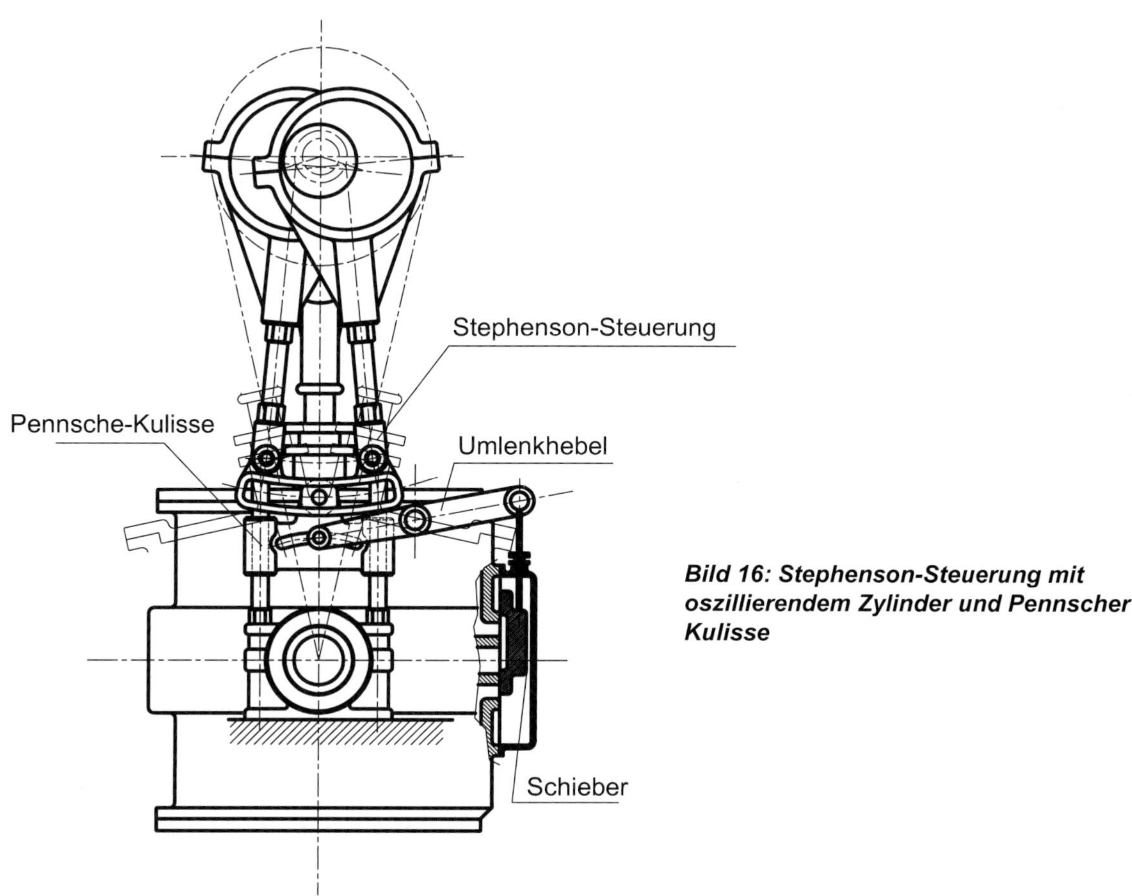

Bild 16: Stephenson-Steuerung mit oszillierendem Zylinder und Pennscher Kulisse

Die Gooch-Steuerung

Das besondere Merkmal dieser Steuerung ist die Verlagerung des einstellenden Teils von der Kulisse auf die Schieberstange. Dies wiederum erfordert eine geteilte und gelenkige Schieberstange, wobei der zur Kulisse zeigende Schieberstangenteil die Krümmung der Kulisse bestimmt.

Auch diese Kulisse wird, wie bei der Stephenson-Steuerung, über einen Vorwärts- und Rückwärtsexzenter angetrieben (Bild 17).

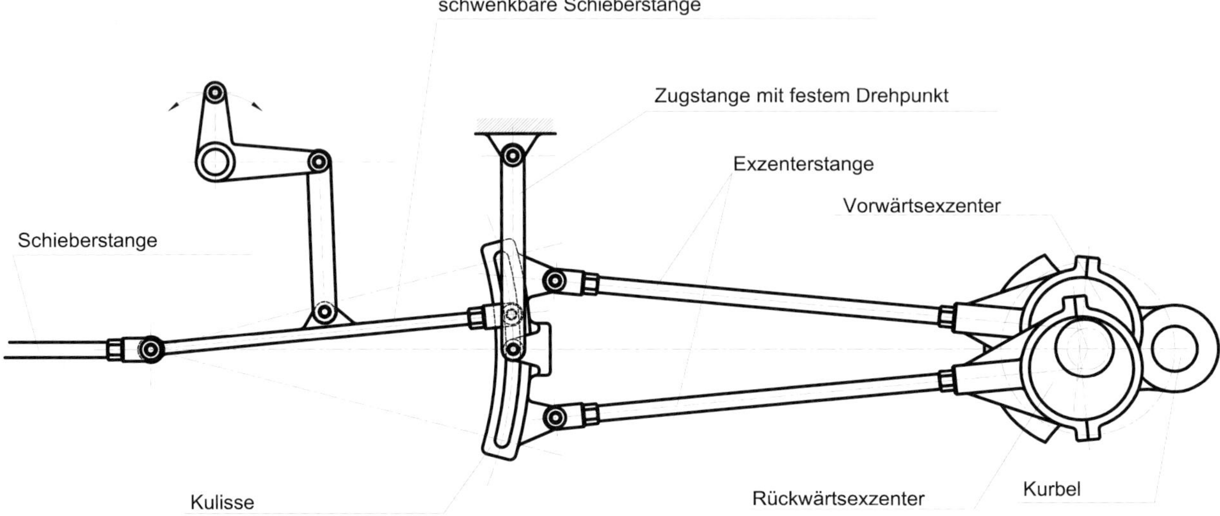

Bild 17: Gooch-Steuerung

Durch den festen Aufhängungspunkt der Kulisse entstehen einfachere Bewegungsabläufe. Die gesamte Steuerung benötigt aber mehr Bauteile und Lagerstellen. Der wesentliche Vorteil dieser Steuerung liegt darin, dass die Veränderung der Schieberstangenstellung keine Auswirkung auf die Position des Schiebers hat, da sich der bewegliche Teil der Schieberstange auf dem Radius der Kulisse bewegt. Nachteilig ist aber der große Abstand zwischen Schieber und Kurbel.

Die Allan-Steuerung

Da in den frühen Jahren des Dampfmaschinenbaus die Herstellung einer gekrümmten Kulisse mit Schwierigkeiten verbunden war, suchte man nach einer Steuerung, die mit einer geraden

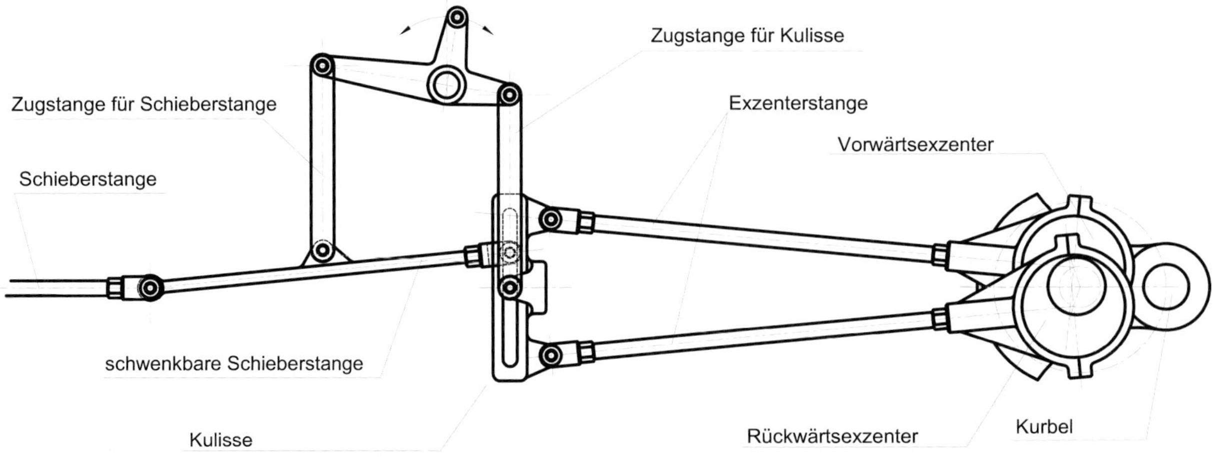

Bild 18: Allan-Steuerung

Kulisse gute Ergebnisse liefert. Das Ergebnis war die Steuerung von Allan, die eigentlich eine Kombination aus Stephenson- und Gooch-Steuerung darstellt, wobei sowohl die Position der Kulisse als auch die der Schieberstange verändert wird.

Die Walschaerts- (Heusinger-)Steuerung

Als letzte Kulissensteuerung wollen wir uns noch der Walschaerts- (Heusinger-)Steuerung zuwenden.

Diese, mit hoher Wahrscheinlichkeit am häufigsten zur Anwendung gekommene Steuerung finden wir in fast allen Dampflokomotiven wieder.

Der wesentliche Vorteil dieser Steuerung liegt in der Verwendung von nur einem Exzenter (bzw. einer Gegenkurbel), wobei als Ersatz für den zweiten Exzenter die Bewegung des Kolbens einbezogen wird.

Die in einem festen Drehpunkt A gelagerte Kulisse C wird über eine Kulissenstange S vom Exzenter E (bzw. der Gegenkurbel) angetrieben.

Eine mit dem Kulissenstein D verbundene Schieberschubstange B lässt sich mit Hilfe einer Kuhnschen Schleife K und eines Steuerhebels H in der Kulisse heben oder senken. Das andere Ende der Schieberschubstange ist gelenkig mit dem Voreilhebel V verbunden, wobei dieser Voreilhebel wiederum über die Lenkerstange L die Kolbenbewegung vom Kreuzkopf aufnimmt.

Am Voreilhebel ist aber auch die eigentliche Schieberstange angebunden. Das Hebelverhältnis n/m sorgt dafür, dass der Schieber im Kolbentotpunkt die erforderliche Voreilung erhält.

Sicher ist die analytische Ableitung der Bewegungsabläufe dieser Gelenkkette sehr reizvoll, wir wollen hier jedoch darauf verzichten, zumal diese Form der Steuerung die größte Verbreitung bei den Lokomotivmodellen findet und in der klassischen Modelldampfmaschine seltener zu finden ist.

Bild 19: Walschaerts- (Heusinger-)Steuerung

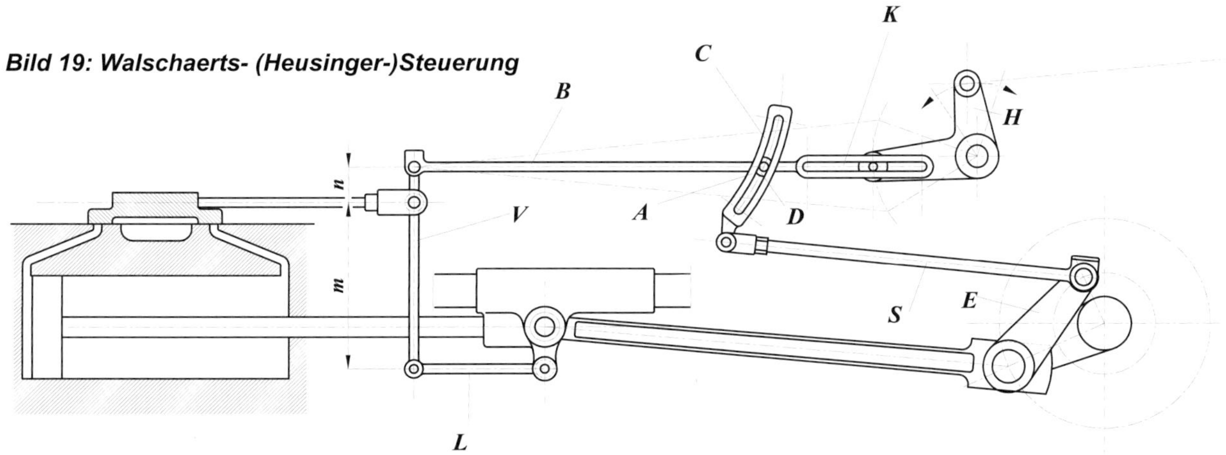

Einige gravierende Vorteile dieser Steuerung dürfen aber nicht unerwähnt bleiben.

- Es wird nur ein Exzenter für Füllung und Drehrichtung benötigt.
- Die Ableitung der Kreuzkopfbewegung auf die Schieberstange erzeugt die Hauptbewegung des Schiebers.
- Durch die Gelenkkette wird sichergestellt, dass die Dampfkanäle in den Kolbentotpunkten, unabhängig vom Füllgrad, stets um den Betrag der Voreilung geöffnet sind [25].

2.2.2 Die Lenker-Steuerungen

Eigentlich verzichten Lenkersteuerungen auf eine Kulisse und nutzen dafür die Kinematik einer Gelenkkette, aber der Ursprung aller Lenkersteuerungen, nach einer Idee von Hackworth aus dem Jahre 1859 [21], besitzt noch eine Kulisse. Diese von Hackworth genutzte Kulisse ist aber in ihrer Funktion nicht mit den Kulissen der Stephenson-, Gooch-, Allan- oder Walschaerts-Steuerung vergleichbar.

Die Hackworth-Steuerung

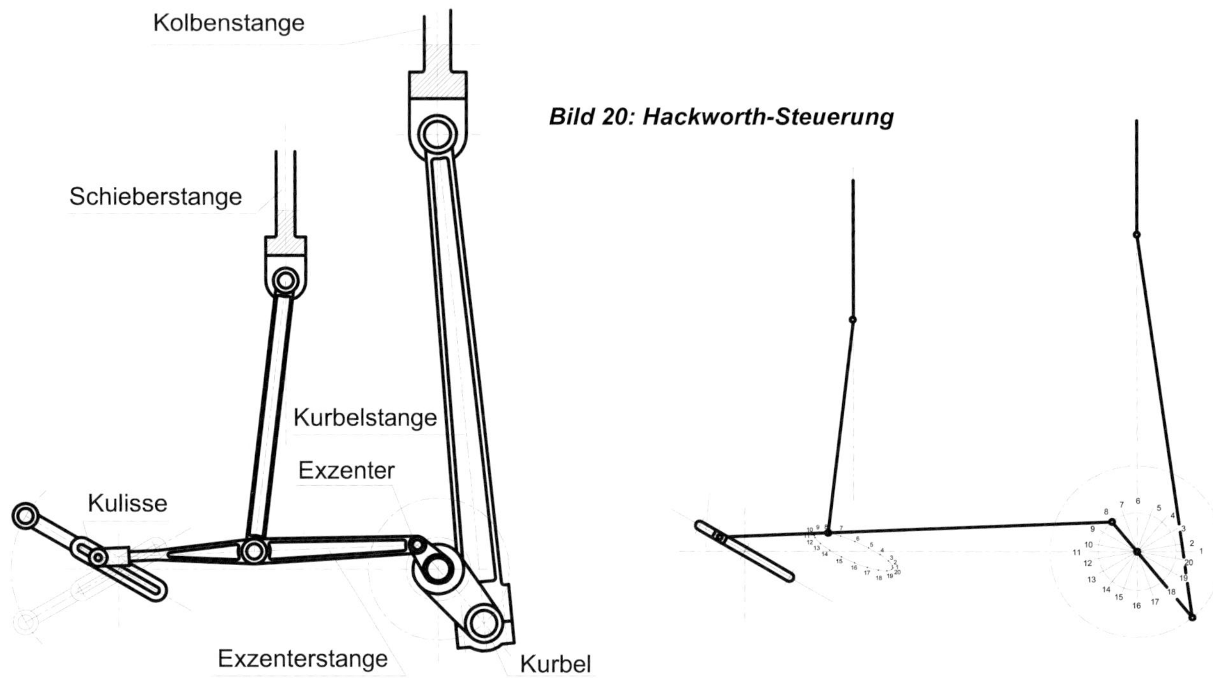

Bild 20: Hackworth-Steuerung

Bei der Hackworth-Steuerung ist der Exzenter 180° gegen die Kurbel versetzt. Die Exzenterstange bewegt sich nahezu rechtwinklig zur Kurbelstange, wobei das gegenüberliegende Ende der Exzenterstange in einer geneigten Kulisse auf- und abgleitet. Die zwischen Exzenter und Kulisse gelenkig mit der Exzenterstange verbundene Schieberstange beschreibt in ihrem Anbindungspunkt an die Exzenterstange eine elliptische Bewegung. Diese elliptische Bewegung wird durch die Führung des oberen Schieberstangenteils in die lineare Schieberbewegung umgewandelt.

Durch das Schwenken der Kulisse kann diese ellipsenförmige Bewegung in Größe und Richtung verändert werden. Hierdurch wird es möglich, sowohl die Größe der Frischdampffüllung als auch die Bewegungsrichtung des Kolbens (Drehrichtung der Maschine) umzukehren.

Da diese Steuerung nur einen Exzenter benötigte und außerdem eine gerade Kulisse besaß, stellte sie, im Vergleich zu den vorgenannten Steuerungen, einen wesentlichen Vorteil dar.

Nachteilig war jedoch, dass mit zunehmendem Dampfdruck der Verschleiß innerhalb der Kulisse nur durch eine Vergrößerung der Gleitflächen des Kulissensteins zu beherrschen war.

Es lag also nahe, die Kulisse durch eine Gelenkkette zu ersetzen, um auch bei höheren Dampfdrücken unhandlich große Kulissensteine zu vermeiden.

Die Marshall-Steuerung

Tauscht man die in der Steuerung von Hackworth verwendete Kulisse gegen ein schwingendes Lenkersystem aus, entsteht die Lenkersteuerung nach Marshall.

Auch bei dieser Steuerung ist der Exzenter um 180° gegenüber der Kurbel versetzt, und die Schieberstange wird zwischen Exzenter und Exzenterstangenende angebunden.

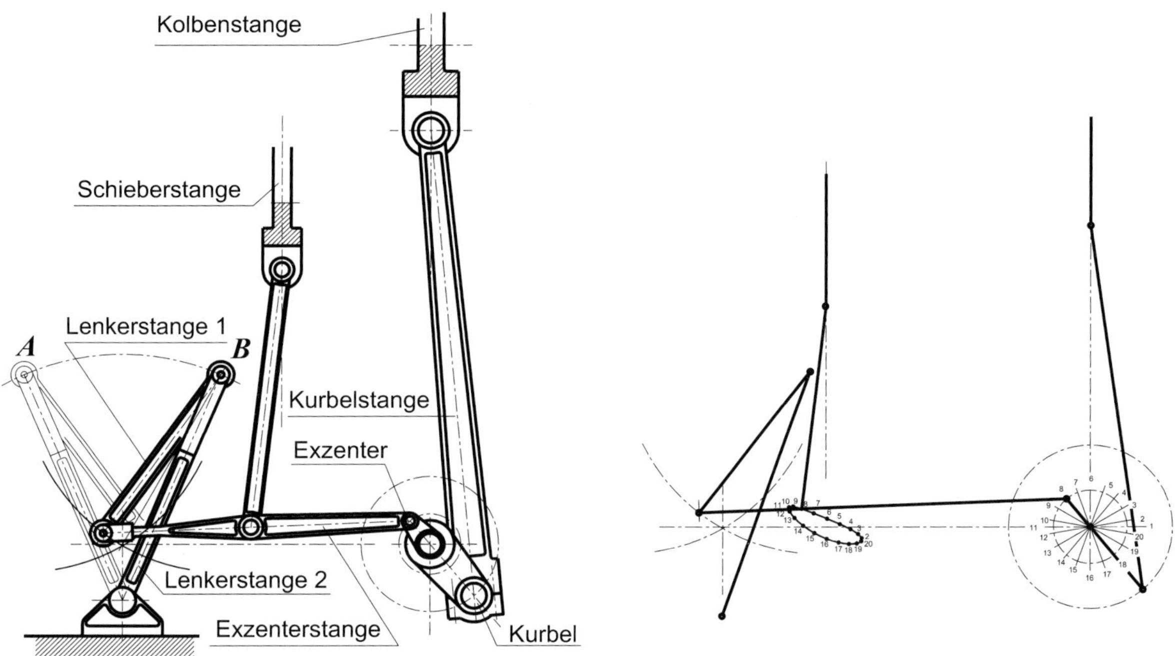

Bild 21: Marshall-Steuerung

Der über die Lenkerstange 1 vorgegebene, bogenförmige Verlauf des Exzenterstangenendes führt im Anbindungspunkt der Schieberstange zu einer oben abgeflachten Ellipse.

Vorteilhaft bei dieser Steuerung nach Marshall ist, dass die Gelenkkräfte aufgrund der Hebelverhältnisse beherrschbar bleiben. Ein Nachteil liegt aber im geringeren Schieberweg und demzufolge größeren Fehlern bei zu großem Betriebsspiel in den Gelenken.

Da die Lenkerstange 2 mit ihrem unteren Ende fest mit dem Maschinenrahmen verbunden ist, wird durch Schwenken dieser Lenkerstange vom Punkt *A* zum Punkt ***B*** der Bewegungsablauf gespiegelt. So kann die Drehrichtung der Maschine gewechselt werden.

Natürlich kann auch hier durch eine Veränderung der Neigung der Lenkerstange 2 die Frischdampffüllung den Erfordernissen angepasst werden. Bei der senkrechten Stellung der Lenkerstange 2 wird der Ausschlag der Schieberstange so klein, dass die Füllung mit Frischdampf gegen null geht, und die Maschine bleibt stehen.

Die Klug-Steuerung

Als Alternative zur Marshall-Steuerung bietet sich die Lenkersteuerung von Klug an. Bei dieser Steuerung ist die Schieberstange am Ende der Exzenterstange angeordnet.

Im Gegensatz zur Marshall-Steuerung liegt der Exzenter in Richtung des Kurbelzapfens und ist nicht um 180° verschoben. Den Grund hierfür bilden die innenliegenden Lenkerstangen. Durch diese Anordnung wird die Bewegungsrichtung der Schieberstange gegenüber der Kurbelstange umgekehrt. Grundsätzlich ist aber die Funktion der Lenkerstangen identisch mit der Marshall-Steuerung.

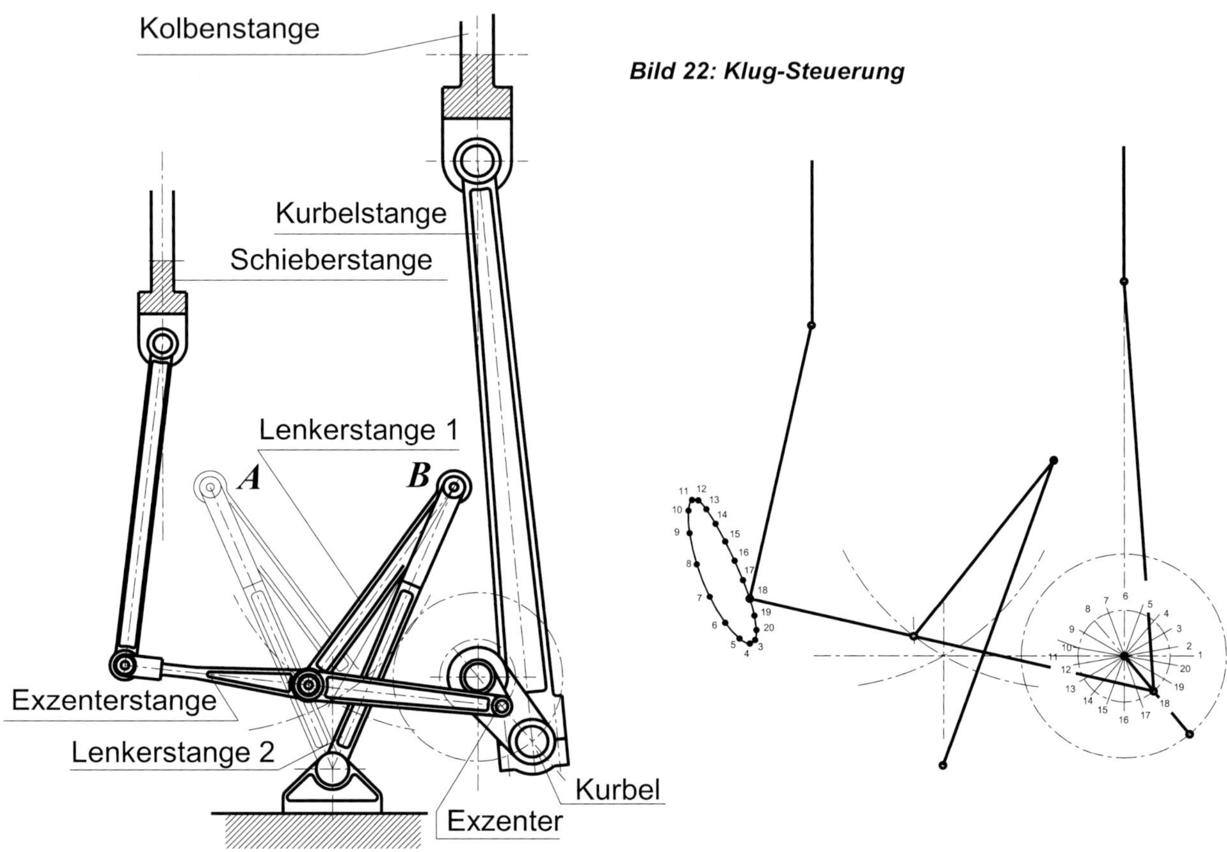

Bild 22: Klug-Steuerung

Die etwas ungünstigeren Hebelverhältnisse führen zu größeren Gelenkkräften. Vorteilhaft ist hingegen, dass bei gleichem Schieberausschlag ein kleinerer Exzenterradius möglich wird.

Insgesamt bietet die Klug-Steuerung durch geschickte Wahl von Exzenterradius und Hebelverhältnissen die Möglichkeit, Fehler durch Betriebsspiele zu verringern.

Da der Bewegungsablauf im Gelenk von Exzenter- und Schieberstange immer einer Ellipse ähnelt, werden diese Steuerungen auch Ellipsensteuerungen genannt.

Der Vollständigkeit halber ist zu erwähnen, dass es weitere Steuerungen, die allesamt den Ellipsensteuerungen zuzurechnen sind, gibt. Diese Steuerungen von z. B. Joy, Klose und Brown fanden Anwendung bei Dampflokomotiven und gehören ebenfalls zur Familie der Lenkersteuerungen [22].

Bevor wir den Bereich der äußeren Steuerung verlassen, sollten wir noch einen Blick auf eine Steuerungsvariante werfen, die einen besonders interessanten Lösungsansatz aufweist.

Die Maudslay-Steuerung

Diese, eigentlich von C. Sells 1859 konstruierte und patentierte Steuerung wurde von Maudslay übernommen und aus diesem Grund unter dem Namen Maudslay-Steuerung bekannt [23].

Das Wirkungsprinzip beruht auf dem klassischen Umlaufrädergetriebe (Planetenradgetriebe) und nutzt die Winkelverschiebung umlaufender Zahnräder zwischen zwei parallel angeordneten Wellen. Im Fall der Maudslay-Steuerung sind diese beiden Wellen die Kurbel- und Exzenterwelle.

Nun darf aber nicht verschwiegen werden, dass bei dieser Steuerung nur der Winkelversatz zwischen Kurbel- und Exzenterwelle verändert wird und demzufolge der Schieberhub unbeeinflusst bleibt. Dieser Tatbestand begrenzt den Einsatzbereich der Maudslay-Steuerung auf die Funktion des Drehrichtungswechsels. Will man zusätzlich die Leistung der Maschine beeinflussen, muss man auf das Wirkungsprinzip der Dampfdrosselung zurückgreifen. Natürlich hat auch die Veränderung des Vor- bzw. Nacheilwinkels einen Einfluss auf die Füllung und somit auch auf die Leistung der Maschine. Dieser Effekt tritt aber im Vergleich zu den bisher beschriebenen Steuerungen stark in den Hintergrund.

Bild 23: Maudslay-Steuerung

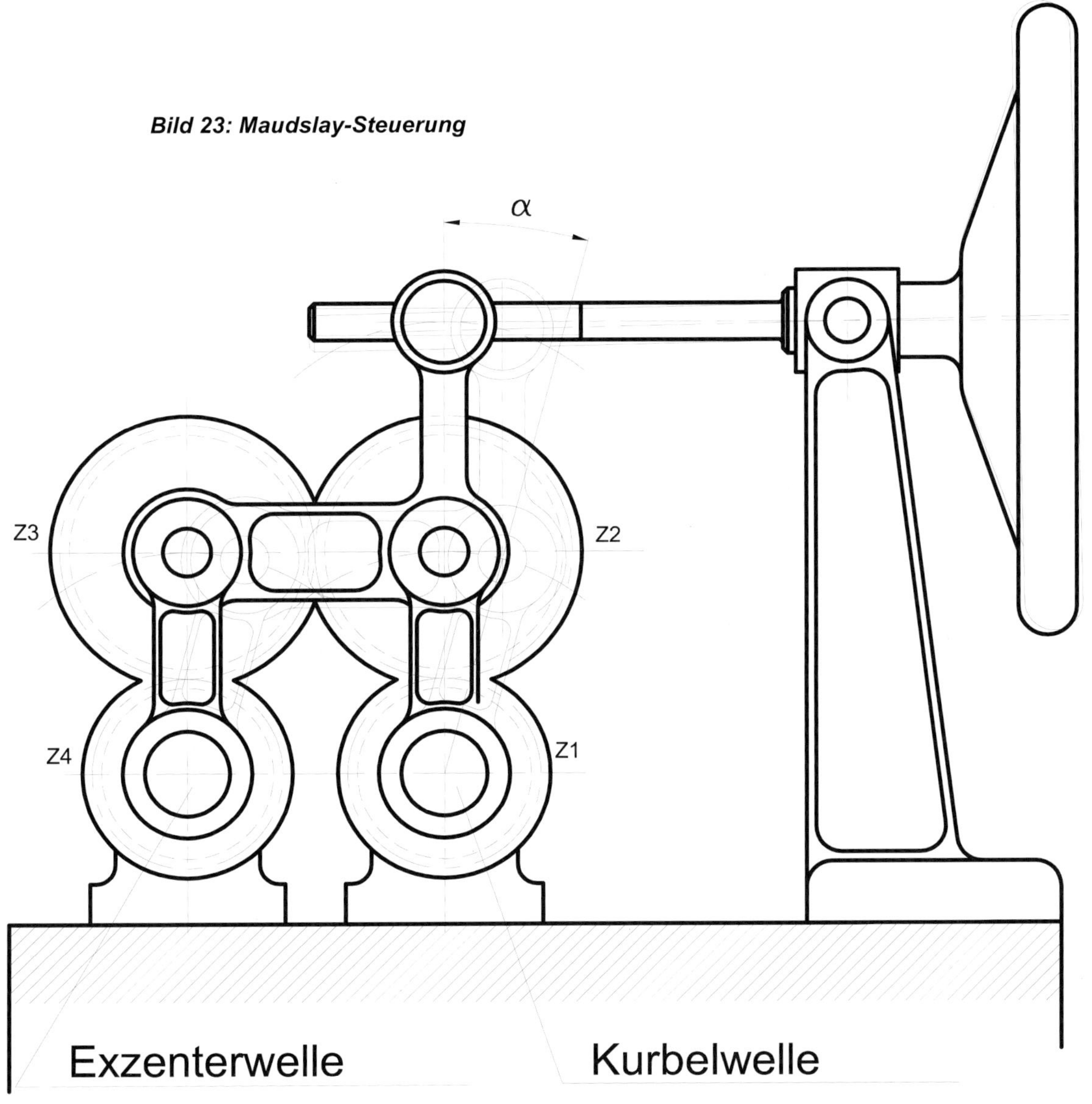

Da sich das Wirkungsprinzip der Umlaufrädergetriebe nicht jedem Hobby-Maschinenbauer auf Anhieb erschließt, macht es Sinn, etwas genauer darauf einzugehen.

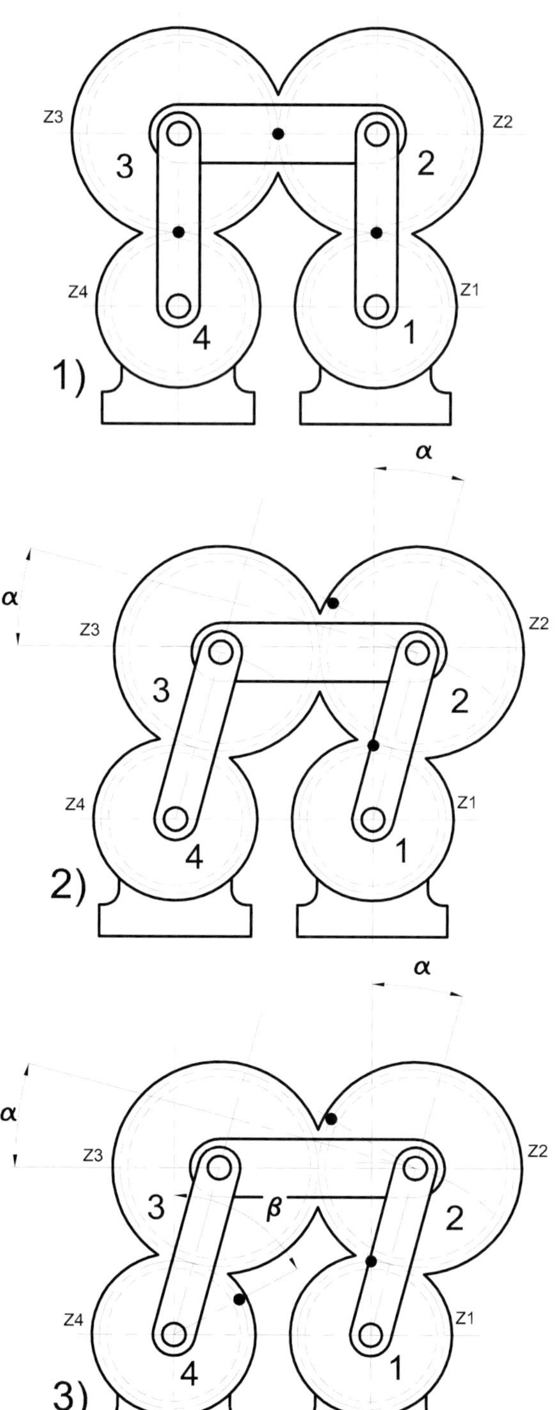

Bild 24: Funktion Maudslay-Steuerung

Denkt man sich Rad 1 feststehend, wird der Bewegungsablauf leichter verständlich.

Da die Räder 2 und 3, durch ein Parallelogramm verbunden, frei um die Wälzkreise der Räder 1 und 4 schwenken können (Darstellung 1), kann sich Rad 2 beim Schwenken um den Winkel α auf Rad 1 abrollen.

Der Abrollwinkel von Rad 2 erhöht sich auf dem Teilkreis von Rad 2 jedoch um den Schwenkwinkel α (Darstellung 2).

Dies wiederum bedeutet, dass sich Rad 3 um den Abrollwinkel von Rad 2 auf Rad 1 und den Schwenkwinkel α verdreht.

Dieser vergrößerte Drehwinkel von Rad 3 wird mit dem Übersetzungsverhältnis Z3/Z4 auf das Rad 4 übertragen.

Nun liegt es nahe zu glauben, dass sich der Schwenkwinkel α des Gelenks zwischen Rad 3 und Rad 4 auf den endgültigen Verdrehwinkel von Rad 4 auswirkt. Dies ist aber nicht der Fall, da durch den formschlüssigen Wälzpunkt zwischen Rad 2 und Rad 3 sich Schwenkwinkel und Abrollwinkel an Rad 4 aufheben.

Eine detaillierte Herleitung der Berechnungsformel ist im Anhang aufgeführt, so dass an dieser Stelle nur die endgültige Formel für den Berechnungsvorgang dargestellt wird.

Vorab ist jedoch noch zu erwähnen, dass in den meisten Fällen die Zähnezahlen von Rad 2 und Rad 3 identisch sind und ebenfalls die Zähnezahlen von Rad 1 und Rad 4. Unter Berücksichtigung dieser Vorgaben lautet die Berechnungsformel:

$$\beta = \cdot \frac{\alpha}{Z1} \cdot \left[Z2 + \frac{Z2^2}{Z1} + Z1 \right]$$

Bei unterschiedlichen Zähnezahlen muss natürlich die ausführliche Berechnungsformel zur Anwendung kommen.

$$\beta = \frac{\alpha}{Z1} \cdot \left[\frac{Z1 \cdot Z2}{Z4} + \frac{Z2 \cdot Z3}{Z4} + Z4 \right]$$

2.2.3 Die innere Steuerung

Die Aufgabe der inneren Steuerung konzentriert sich darauf, die zum Zylinder führenden Dampfkanäle zu öffnen und zu schließen. Diese in erster Näherung einfache Aufgabe, stellt sich bei genauer Betrachtung aber als durchaus anspruchsvoll dar. Zur optimalen Lösung dieser Aufgabe wurden in der Vergangenheit mannigfaltige Lösungen erarbeitet. Auch im Bereich der inneren Steuerung haben die Hobbymaschinenbauer keine Mühe gescheut und eine Vielzahl bekannter Varianten im Modell nachgebildet. Am häufigsten kommt aber bei Modelldampfmaschinen der klassische Muschelschieber zum Einsatz.

Allen Schiebersteuerungen gemein ist folgendes Standardproblem: Der zu Beginn der Dampfeinströmung sehr kleine Einströmquerschnitt erzeugt erhebliche Strömungsgeschwindigkeiten, die sich aufgrund von Strömungsverlusten leistungsmindernd bemerkbar machen. Deshalb wurden unterschiedliche Schiebervarianten entwickelt.

Ein erster Lösungsansatz für dieses Problem war der Kanalschieber, der nach seinem Erfinder auch Trick-Schieber genannt wird.

Bei diesem Schieber vergrößert ein innenliegender Kanal, zusätzlich zu den steuernden Außenkanten des Schiebers, den Einströmquerschnitt. Die Vertiefungen im Schieberspiegel ermöglichen zeitgleich mit der steuernden Außenkante des Schiebers das Einströmen von Frischdampf und reduzieren so die verlustreiche hohe Strömungsgeschwindigkeit.

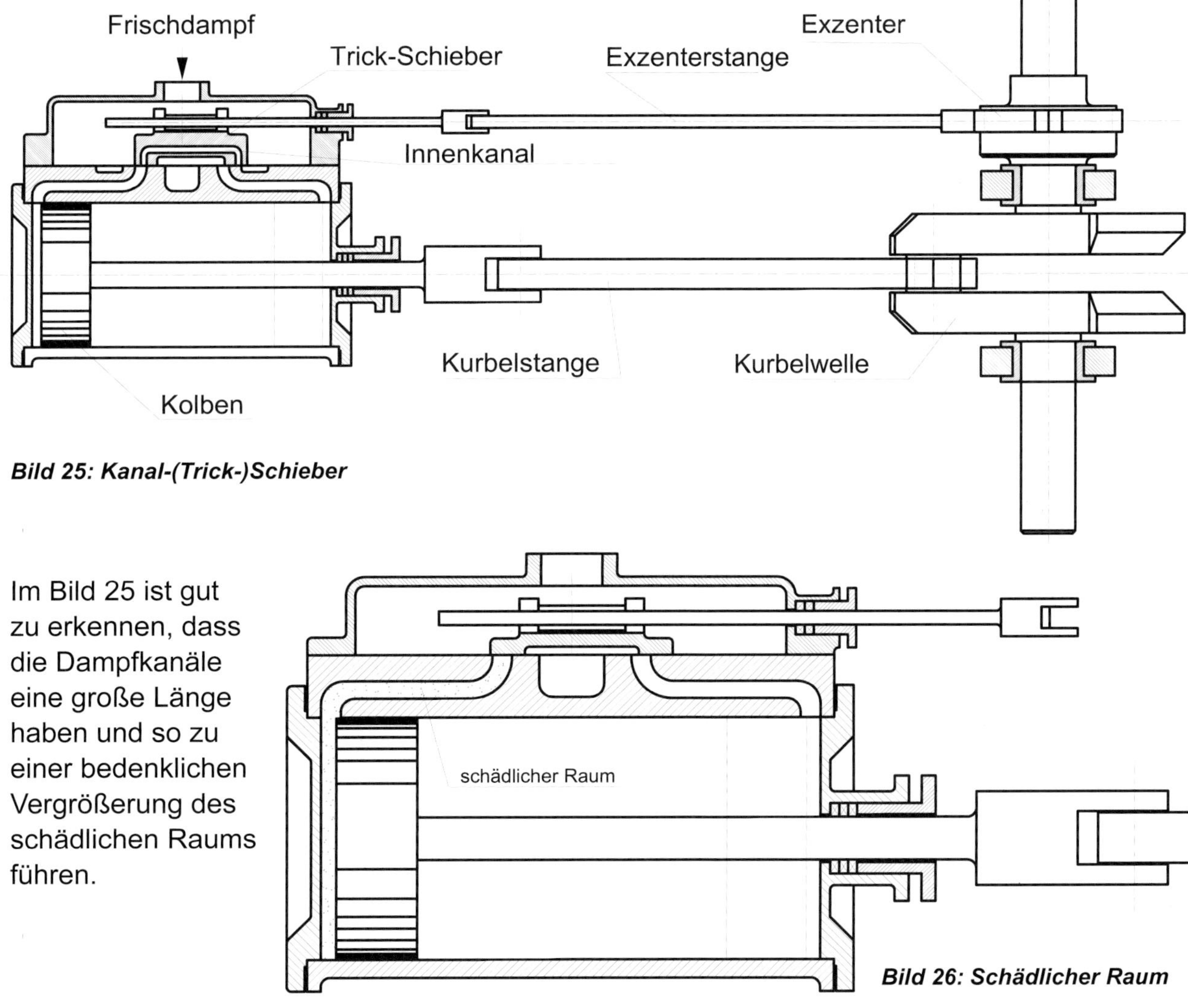

Bild 25: Kanal-(Trick-)Schieber

Im Bild 25 ist gut zu erkennen, dass die Dampfkanäle eine große Länge haben und so zu einer bedenklichen Vergrößerung des schädlichen Raums führen.

Bild 26: Schädlicher Raum

Natürlich besteht die Möglichkeit, die Schieberlänge zu vergrößern und so die, in Nähe der Zylinderenden liegenden, Dampfkanäle möglichst kurz zu halten. Will man jedoch Muschelschieber verwenden, wird die mit Druck beaufschlagte Fläche des Schiebers sehr viel größer und damit auch die Anpresskraft des Schiebers auf den Schieberspiegel. Dies wiederum führt zu einer höheren Betätigungskraft und in der Folge zu einem höheren Verschleiß.

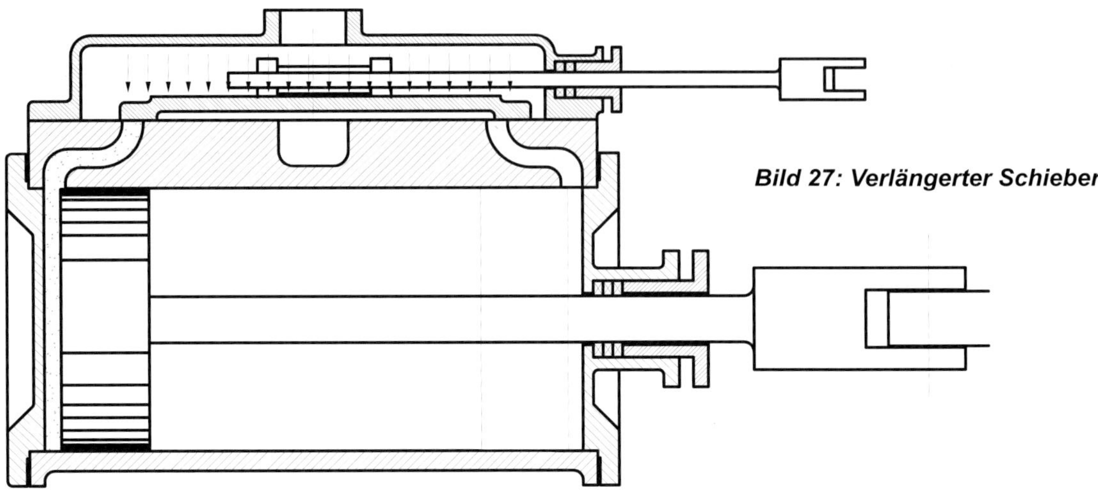

Bild 27: Verlängerter Schieber

Eine Lösung dieses Problems bietet der geteilte Schieber. Mit einem Minimum an Schieberfläche wird es möglich, die Dampfkanäle sehr kurz zu halten.

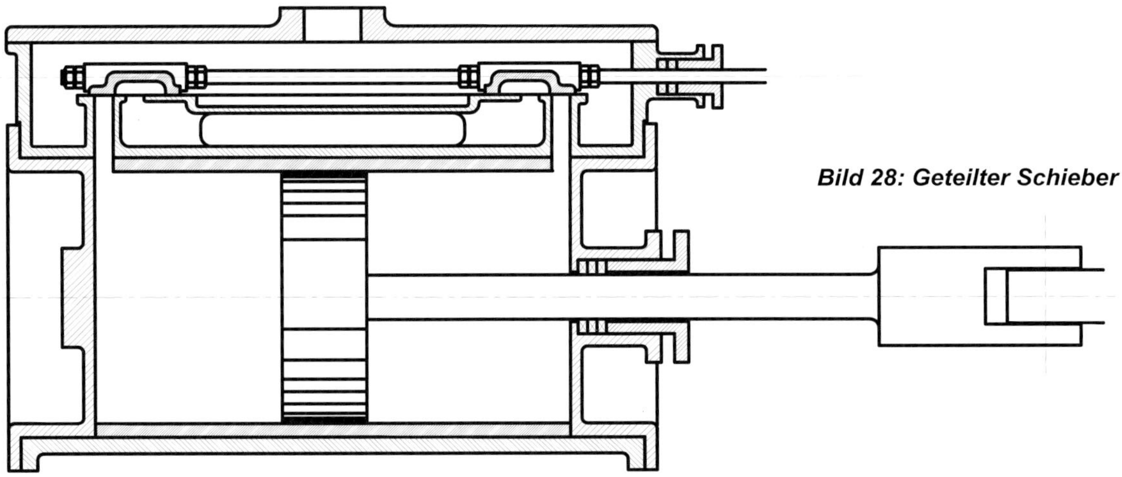

Bild 28: Geteilter Schieber

Aber nicht nur die Schieberfläche begrenzt den Einsatzbereich von Flach- oder Muschelschiebern, auch höhere Dampfdrücke und die damit häufig einhergehenden höheren Dampftemperaturen lassen diese Schieberart schnell an ihre Grenzen stoßen.

Ein höherer Dampfdruck verbessert zwar die Abdichtung des Schiebers zum Schieberspiegel, erzeugt aber, ebenso wie die Größe der Schieberfläche, eine höhere Anpresskraft und damit leistungsmindernde Reibung des Schiebers auf dem Schieberspiegel. Die größere Reibung führt in Verbindung mit dem temperatur- und formbedingten Verziehen des Muschelschiebers zu höherem Verschleiß der Dichtflächen.

Welche Auswirkungen das auch bei Modellmaschinen annehmen kann, zeigt folgendes Rechenbeispiel.

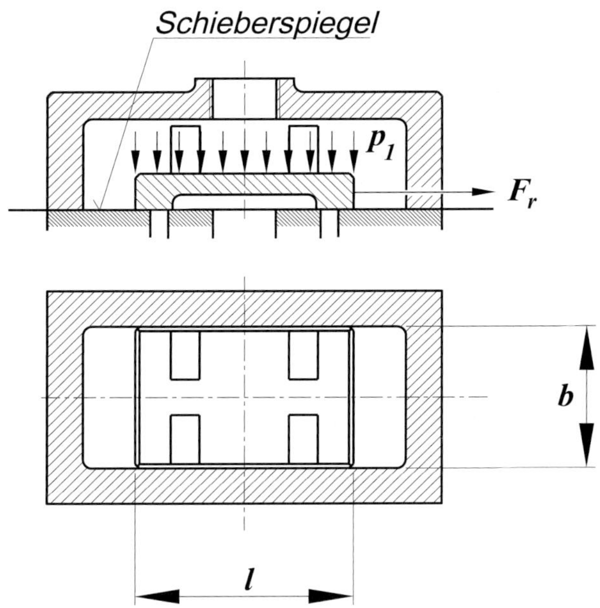

Mit der Schieberfläche A_s

$$A_s = l \cdot b$$

und dem Dampfdruck p_1 wird die Normalkraft F_N

$$F_N = p_1 \cdot A_s$$

Hieraus folgt eine Reibkraft F_r von

$$F_r = F_N \cdot \mu$$

Bild 29: Reibung infolge Dampfdrucks

Geht man von ungünstigen Verhältnissen aus:

p_1 = ***3,5 bar (35 N/cm²)***
l = ***2,5 cm***
b = ***1,6 cm***
μ = ***0,18 (ungünstiger Reibwert Bronze/Stahl)***

so beträgt die Reibkraft an der Schieberstange:

$$F_r = p_1 \cdot l \cdot b \cdot \mu = 35 \cdot 2{,}5 \cdot 1{,}6 \cdot 0{,}18 = \underline{\underline{25{,}2\,N}}$$

Wobei diese Reibkraft immer ansteht, da auf dem Schieber jederzeit der Schieberkastendruck lastet.

Da im Großmaschinenbau der Verzug des Muschelschiebers bei höheren Temperaturen zu nennenswerten Beeinträchtigungen der Steuerungsfunktion führte, entschloss man sich, für hohe Drücke und hohe Temperaturen Kolbenschieber einzusetzen.

Zwar liegen die im Modellbau zu erwartenden Dampftemperaturen mit Sicherheit unterhalb der kritischen Grenzen für einen Muschelschieber, aber das Berechnungsbeispiel zur Reibkraft zeigt deutlich, dass auch im Modellbereich schnell Größen erreicht werden, die nachdenklich stimmen und den Einsatz eines Kolbenschiebers sinnvoll erscheinen lassen.

Einen besonderen Vorteil bietet der Kolbenschieber durch die Möglichkeit der inneren Einströmung.

Dies ist für den Modellbauer ein schwerwiegendes Argument, da mit der inneren Einströmung der Aufwand zur Abdichtung der Schieberstangen deutlich geringer wird.

Außerdem ist für Verbundmaschinen wegen der einfacheren Dampfführung zwischen Hoch- und Niederdruckzylinder der Kolbenschieber geradezu zwingend. Mit wechselnder Einströmung, innerer für den Hochdruckteil und äußerer für den Niederdruckteil, wird der Bau von Verbundmaschinen stark vereinfacht.

Bild 30 zeigt im Prinzip eine Maschine mit Kolbenschiebern und innerer Einströmung. Durch den Aufbau des Kolbenschiebers belastet der Druck des Frischdampfes beide inneren Schieberkolben gleichermaßen. Hierdurch entsteht keine zusätzliche Reibung, so dass es nicht zur Erhöhung der Bewegungskräfte kommt.

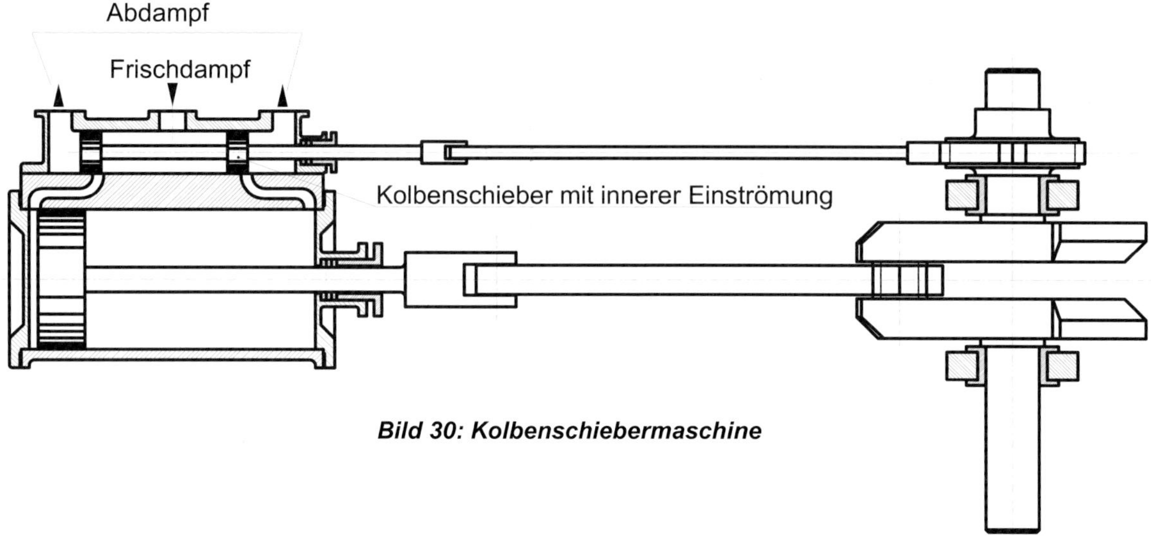

Bild 30: Kolbenschiebermaschine

Der bereits erwähnte günstigere Aufbau von Verbundmaschinen mit Kolbenschiebern ist vom Prinzip her in Bild 31 dargestellt. Die wechselnde Einströmung (innere für den Hochdruckzylinder und äußere für den Niederdruckzylinder) führen zu einer sehr einfachen Dampfführung.

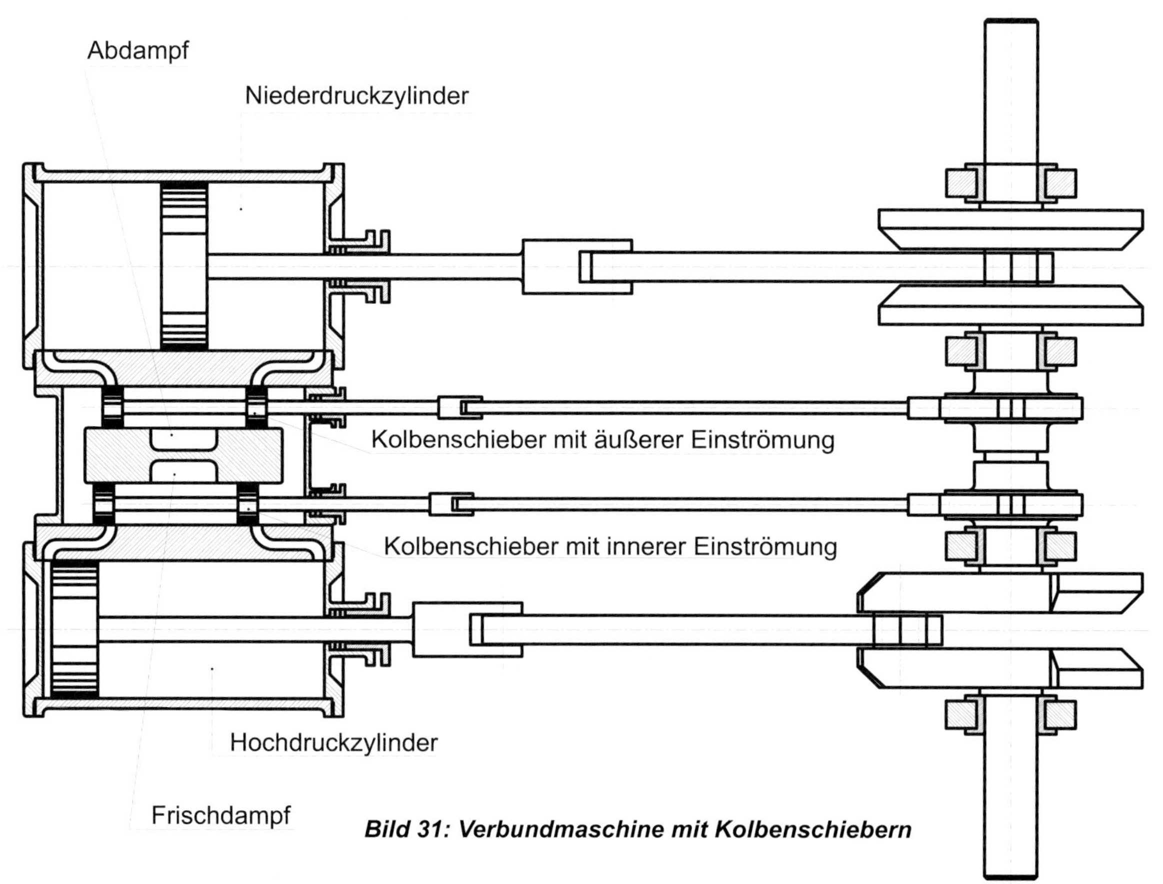

Bild 31: Verbundmaschine mit Kolbenschiebern

Keinesfalls vernachlässigt werden darf ein wichtiger Nebeneffekt der Kolbenschiebermaschine. Durch den absolut formschlüssigen Aufbau der Schiebereinheit hat entstehendes Kondenswasser keinerlei Möglichkeit mehr, den Zylinderraum zu verlassen. Während beim Muschelschieber die Beweglichkeit des Schiebers auf der Schieberstange ein Abheben des Schiebers vom Schieberspiegel ermöglicht und so dem komprimierten Wasser einen Weg ins Freie bietet, kann beim Kolbenschieber die Inkompressibilität des Wassers den Lauf der Maschine schlagartig abbremsen und sogar zu deren Zerstörung führen. Infolge der vollkommenen Abdichtung des Zylinderraums durch den Kolbenschieber wird die komplette Schwungenergie der laufenden Maschine in extrem kurzer Zeit abgebremst. Welche Auswirkungen das auf die Maschine haben kann, soll ein kleines Berechnungsbeispiel zeigen.

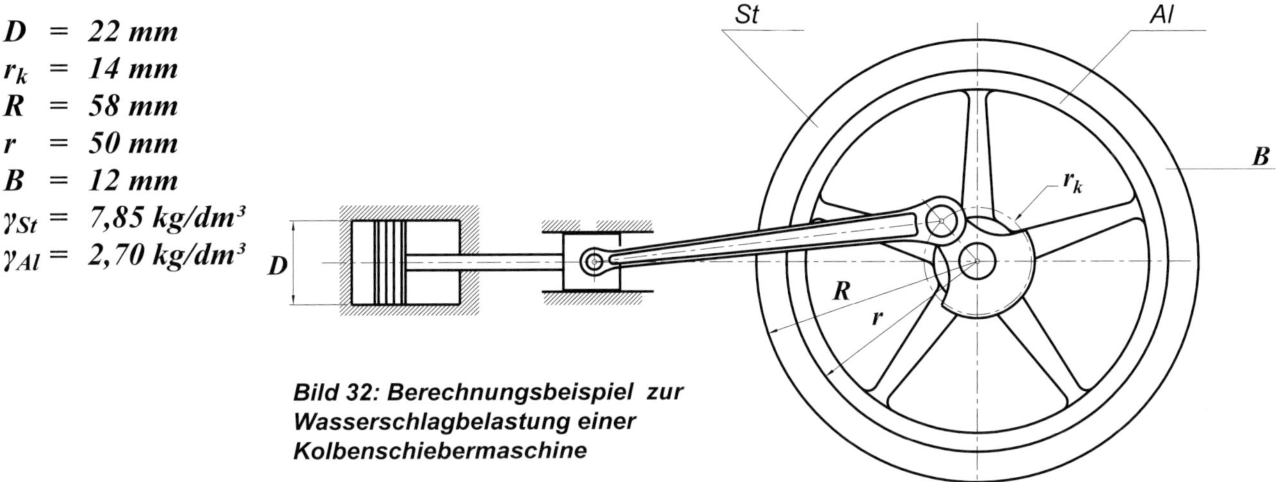

Bild 32: Berechnungsbeispiel zur Wasserschlagbelastung einer Kolbenschiebermaschine

Setzt man eine Drehzahl von $\boldsymbol{n = 800\ U/min}$ voraus, dann beträgt die sekündliche Drehzahl:

$$n_s = \frac{n}{60} = \frac{800}{60} = \underline{\underline{13{,}33\,U/s}}$$

Dies bedeutet: In 1 s wird 13,33 x der Weg eines Doppelhubs durchlaufen, was im Umkehrschluss bedeutet, dass eine Hubbewegung die Zeit von:

$$t_h = \frac{1}{2 \cdot n_s} = \frac{1}{2 \cdot 13{,}33} = \underline{\underline{0{,}0375\,s}}$$

benötigt. Ab dem Kompressionspunkt (das ist der Punkt, an dem der Schieber den Kanal zur Ausströmung wieder verschließt) beginnt die kritische Phase. Im Vorgriff auf den Berechnungsteil der Schiebersteuerung wird an dieser Stelle der Zeitpunkt des Kompressionsbeginns auf 12 % des Kolbenwegs festgelegt, was bei den gewählten Abmessungen einem Kurbelwinkel von ca. 40° entspricht.

Wenn ein Hub (180°) 0,0375 s benötigt, dann beträgt die maximale Abbremszeit (bis ***OTK***) 0,00833 s, aufgerundet 0,01 s. Jetzt kennen wir die im günstigsten Fall zur Verfügung stehende Bremszeit $\boldsymbol{t_b = 0{,}01\ s}$.

Unter Vernachlässigung der oszillierenden Energie von Kurbelstange und Kolben, und nur unter Berücksichtigung der Rotationsenergie des Schwungrads, kann mit dem Massenträgheitsmoment des Schwungrades das Bremsmoment berechnet werden.

$$M_R = J \cdot \alpha$$

Vernachlässigt man außerdem das Massenträgheitsmoment von Nabe und Speichen des Schwungrades, was aufgrund der quadratischen Beziehung des Schwerpunktradius dieser

Komponenten durchaus vertretbar ist, ergibt sich für den äußeren Stahlring und den inneren Aluminiumring ein Massenträgheitsmoment von:

$$\Sigma J = J_{St} + J_{Al}$$

Die allgemeine Formel für einen ringförmigen Körper lautet:

$$J = \frac{1}{2} \cdot m \cdot \left(R^2 + r^2\right)$$

wobei ***m*** die Masse der Ringkörper ist und im Beispiel für den Aluminiumring m = 0,0483 kg und für den Stahlring m = 0,255 kg ausmacht. Für das Schwungrad ergibt sich somit ein Massenträgheitsmoment von:

$$\Sigma J = \frac{1}{2} \cdot m_{St} \cdot \left(R_{St}^2 + r_{St}^2\right) + \frac{1}{2} \cdot m_{Al} \cdot \left(R_{Al}^2 + r_{Al}^2\right)$$

$$\Sigma J = \frac{1}{2} \cdot 0{,}255 \cdot \left(0{,}056^2 + 0{,}05^2\right) + \frac{1}{2} \cdot 0{,}0483 \cdot \left(0{,}05^2 + 0{,}045^2\right) = 0{,}000828\, kgm^2$$

Nun sollte man sich, durch dieses relativ kleine Massenträgheitsmoment, nicht von der Notwendigkeit, der Sache vollkommen auf den Grund gehen zu müssen, abbringen lassen, denn wie wir noch sehen werden, kommen einige Faktoren hinzu, die im Falle eines „Wasserschlags" durchaus bedenkliche Folgen haben. Da ist zunächst die rotatorische Abbremsung α mit:

$$\alpha = \frac{\Delta\omega}{\Delta t} = \frac{2 \cdot \pi \cdot n}{60 \cdot t_h} = \frac{2 \cdot \pi \cdot 800}{60 \cdot 0{,}01} = 8377{,}6 \frac{1}{s^2}$$

Unser Bremsmoment wird demnach

$$M_R = J \cdot \alpha = 0{,}000828 \cdot 8377{,}6 = \underline{\underline{6{,}93\, Nm}}$$

Das ist schon eine für Modellmaschinen durchaus beachtliche Größenordnung. Viel kritischer aber wird die am Kurbelzapfen entstehende Umfangskraft.

$$F_u = \frac{M_R}{r_k} = \frac{6{,}93}{0{,}014} = \underline{\underline{495{,}5 N}}$$

Aber damit nicht genug, durch die Kniehebelwirkung des Kurbeltriebs wird die Kraft in der Kurbelstange nochmals verstärkt (Bild 33).

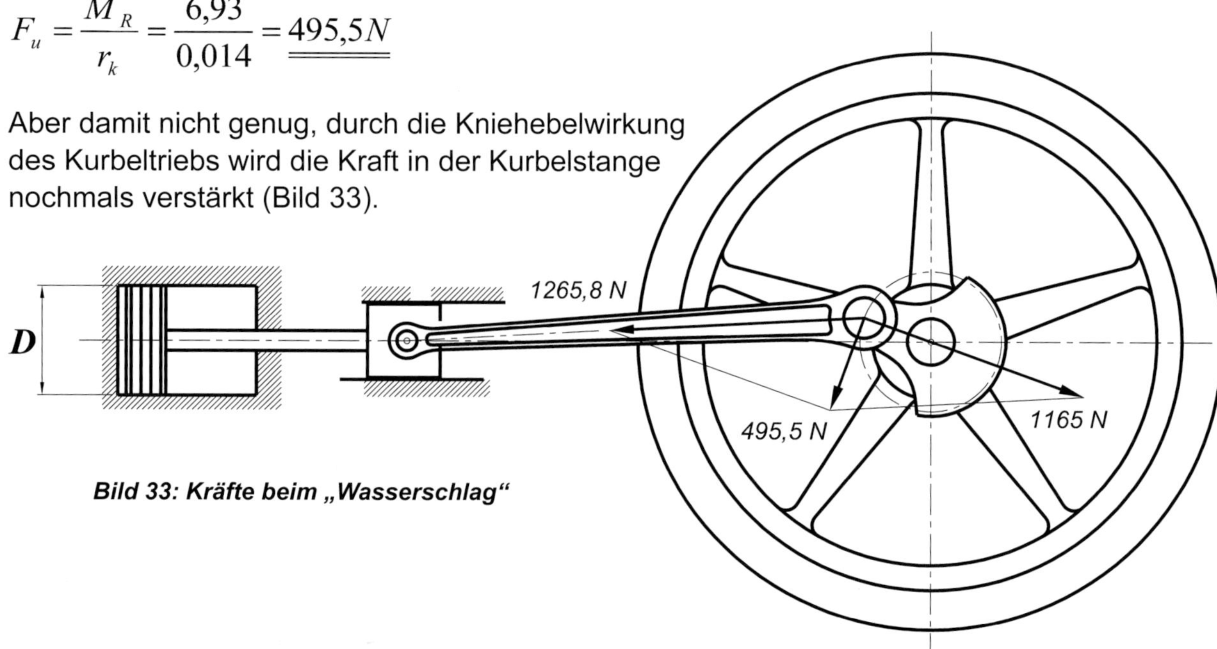

Bild 33: Kräfte beim „Wasserschlag"

Jetzt könnte man natürlich noch die Knickung der Kurbelstange nach dem Eulerfall 2 berechnen, aber ich denke, 5 Säcke Zement als Knickbelastung auf eine Modellkurbelstange sind mehr als bedenklich.

Fazit: Kolbenschiebermaschinen sollten nie ohne Entwässerungsventile betrieben werden.

2.3 Ventilmaschinen

Auch wenn diese Ausarbeitung sich schwerpunktmäßig mit den Schiebermaschinen beschäftigt, halte ich es durchaus für sinnvoll, einen kurzen Seitenblick auf die Ventilmaschinen zu werfen.

Diese Maschinenart hat für stationäre Maschinen schon früh eine Führungsrolle eingenommen. Die vorzugsweise liegenden Maschinen hatten für jede Zylinderkammer ein Einlass- und Auslassventil. Hinzu kam, dass jedes Ventil einen eigenen Antrieb erhielt, der eine wesentlich bessere thermodynamische Auslegung ermöglichte. Eine seitlich angeordnete, über Kegelräder angetriebene Steuerwelle öffnete über exzentergesteuerte und zum Teil recht komplexe Gelenkketten die rohrförmigen Doppelsitzventile.

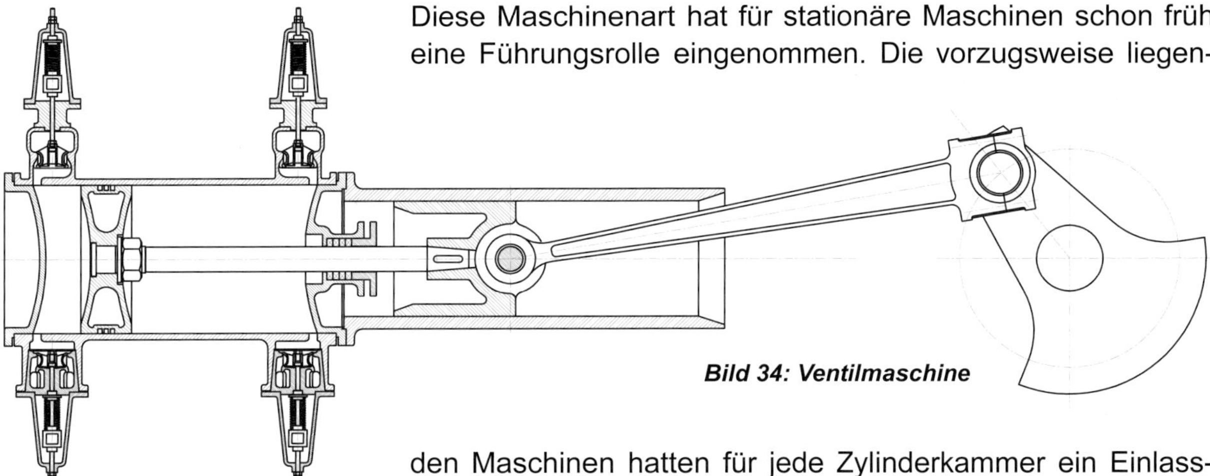

Bild 34: Ventilmaschine

Dieser durchaus anspruchsvolle Mechanismus sollte den Modellbauer nicht davon abhalten, eine solche Maschine zu bauen. Wichtig ist jedoch, dass einige Punkte Beachtung finden, damit das Bauerlebnis ungetrübt genossen werden kann und am Ende ein funktionstüchtiges Modell vorliegt.

So sind die Erkenntnisse aus dem Großmaschinenbau auch im Modellbau zu berücksichtigen und insbesondere den für Ein- und Auslassventil wichtigen Unterschieden besondere Aufmerksamkeit zu schenken. Ob im Modellbau Doppelsitzventile erforderlich sind, wage ich jedoch sehr zu bezweifeln, zumal auch im Großmaschinenbau Kolbenventile Eingang fanden.

Für das Einlassventil (Bild 35) gilt, dass der Kesseldruck die Schließkraft des Ventils unterstützt.

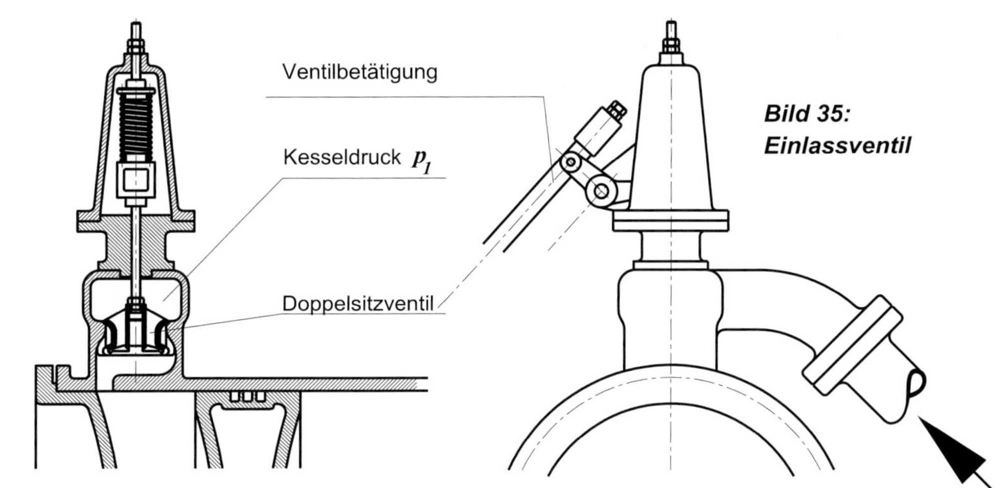

Bild 35: Einlassventil

Beim Auslassventil unterstützt der Kompressionsdruck die Schließkraft des Ventils (Bild 36).

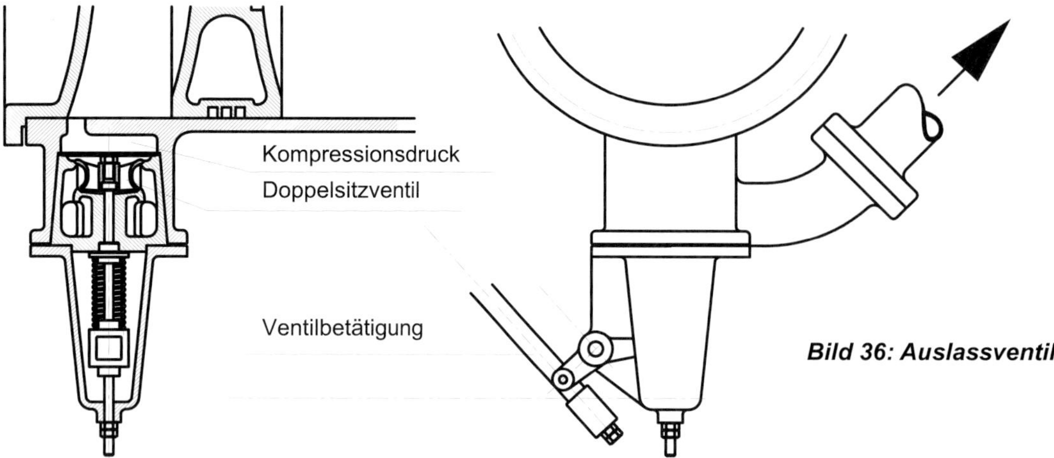

Bild 36: Auslassventil

Die im Bild 35 und 36 dargestellten rohrförmigen Doppelsitzventile bieten den Vorteil einer geringeren Betätigungskraft, da der Dampfdruck nur auf die Differenzfläche von oberem und unterem Ventilsitz wirkt. Außerdem erlaubt die geringe Ventilmasse ein schnelles Öffnen, was auch die Strömungsverluste verringert [15, 16].

Die im Großmaschinenbau genutzten Vorteile von rohrförmigen Doppelsitzventilen stellen aufgrund der geringen Abmessungen im Modellbau eine besondere Herausforderung dar. Es besteht jedoch die Möglichkeit, diese Ventile durch Kolben zu ersetzen, zumal die Dampfdrücke bei den Modellmaschinen deutlich unter den Dampfdrücken der Großmaschinen liegen und somit die Betätigungskraft in Grenzen bleibt.

2.4 Thermodynamische Grundlagen

Ob bei einer Modellmaschine die strengen Regeln der Thermodynamik bis ins kleinste Detail zur Anwendung kommen, ist meines Erachtens äußerst strittig. Ebenso führt eine maßstabsgerechte Übertragung der Abmessungen aus dem Großmaschinenbau zu unrealistischen Dimensionen. Überträgt man beispielsweise die Baugrößen eines Dampfzylinders aus dem Großmaschinenbau maßstabsgerecht auf ein Modell, entstehen Abmessungen, die nur sehr schwer herzustellen sind.

Beispiel:	Original [8]		Modell
Kolbendurchmesser	D = 500 mm		D = 20 mm
		M = 1:25	
Zylinderwandstärke	S_z = 23 mm		S_z = 0,92 mm

Auch werden die Toleranzen und Betriebsspiele der Modellteile bei einer maßstabgerechten Übertragung so klein, dass eine verhältnisgerechte Übertragung auf das Modell fertigungstechnisch nicht darstellbar ist. Viel wichtiger aber ist, dass sich Massen und Volumen der Modelle im Vergleich zur Großmaschine mit der dritten Potenz verändern, die thermodynamischen Zusammenhänge aber keineswegs. Es ist also nicht möglich, die Vorgänge in einer Großmaschine verhältnisgerecht auf ein Modell zu übertragen. Dennoch halte ich eine detaillierte Betrachtung des Arbeitsspiels einer Großmaschine mit Hilfe des Dampfdruckdiagramms für äußerst hilfreich, denn nur so können die Wirkungszusammenhänge transparent gemacht werden.

Es sei mir deshalb gestattet, noch einmal weit auszuholen, um am Beispiel des Dampfdruckdiagramms den zur Steuerungsauslegung erforderlichen Kreisprozess detailliert zu beschreiben.

2.4.1 Das Dampfdruckdiagramm

Dieses besonders wichtige Hilfsmittel für das Verständnis des Dampfmaschinenkreisprozesses stellt die Grundlage zur Dimensionierung dar. Im Dampfdruckdiagramm wird auf der X-Achse der Kolbenhub (somit auch das Arbeitsvolumen im Zylinder) und auf der Y-Achse der zugehörige Druck im Zylinder abgetragen. Der hier dargestellte Kreisprozess bezieht sich auf eine Zylinderkammer und beschreibt den Ablauf eines vollständigen Arbeitsspiels über eine Kurbelumdrehung.

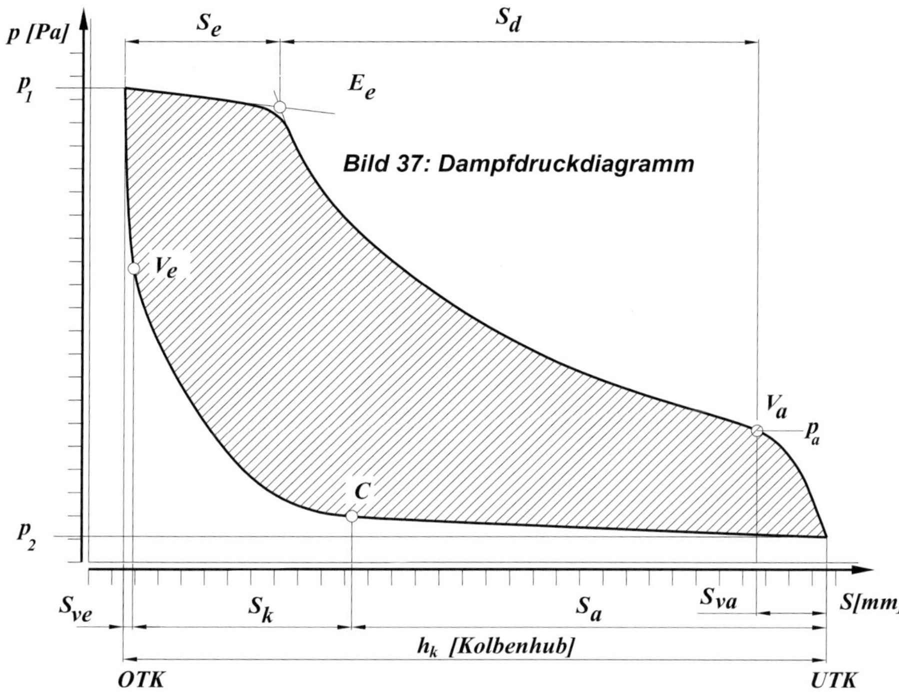

Bild 37: Dampfdruckdiagramm

Das Dampfdruckdiagramm nach Bild 37 bezieht sich auf eine Expansionsmaschine mit nur geringer Einströmung. Dies ist daran erkennbar, dass der Dampf nur über einen kleinen Teil des Kolbenwegs (s_e) einströmt. Ab dem Punkt E_e ist der Dampfkanal wieder geschlossen und der eingeströmte Frischdampf entspannt sich bis zum Punkt V_a. Hierbei gibt er den noch enthaltenen Druck (Wärmeenergie) an den Kolben ab. Der Vorteil einer Expansionsmaschine liegt im geringeren Dampfverbrauch und damit im günstigeren thermischen Wirkungsgrad. Insbesondere für Dampfmodelle, die mit einem begrenzten Brennstoff- und Wasservorrat zurechtkommen müssen, wie z. B. Schiffsmodelle, kann dies von entscheidender Bedeutung sein.

2.4.2 Das Arbeitsspiel einer Kolbendampfmaschine (Kreisprozess)

Betrachtet man die auf den Kolben bezogenen Steuerungspunkte des Dampfdruckdiagramms

- ***OTK*** oberer Totpunkt des Kolbens
- E_e Einströmende
- V_a Vorausströmung
- ***C*** Kompressionsbeginn
- V_e Voreinströmung
- ***UTK*** unterer Totpunkt des Kolbens

werden Wegabschnitte des Kolbens erkennbar, die es gestatten den Kreisprozess in einzelne Teilstrecken zu unterteilen.

- s_e Einströmweg → von ***OTK*** bis E_e
- s_d Dampfdehnung → von E_e bis V_a
- s_{va} Vorausströmweg → von V_a bis ***UTK***

- S_a Ausströmweg → von UTK bis K
- S_c Kompressionsweg → von C bis V_e
- S_{ve} Voreinströmweg → von V_e bis OTK

In den folgenden Ausführungen werden diese Wegabschnitte, beginnend mit dem oberen Totpunkt, detailliert beschrieben und so die für die Dimensionierung der Steuerung erforderlichen Ausgangsdaten erarbeitet.

Einströmweg S_e

Der Kolbenweg zwischen dem oberem Totpunkt OTK und dem Verschließen der Dampfeinlassöffnung im Punkt E_e, wird als ***Einströmweg*** (S_e) bezeichnet. Im Dampfdruckdiagramm ist erkennbar, dass der Frischdampf während der Einströmung von p_1 auf einen geringeren Wert absinkt. Der Grund hierfür liegt in den Strömungsverlusten der Absperrorgane und der Kanäle. Dieser Druckverlust kann mit annähernd 10 % des Frischdampfdruckes angesetzt werden [1]. Der auf den Kolbenhub bezogene Weg der Einströmung kann zwischen 20 % und 80 % betragen.

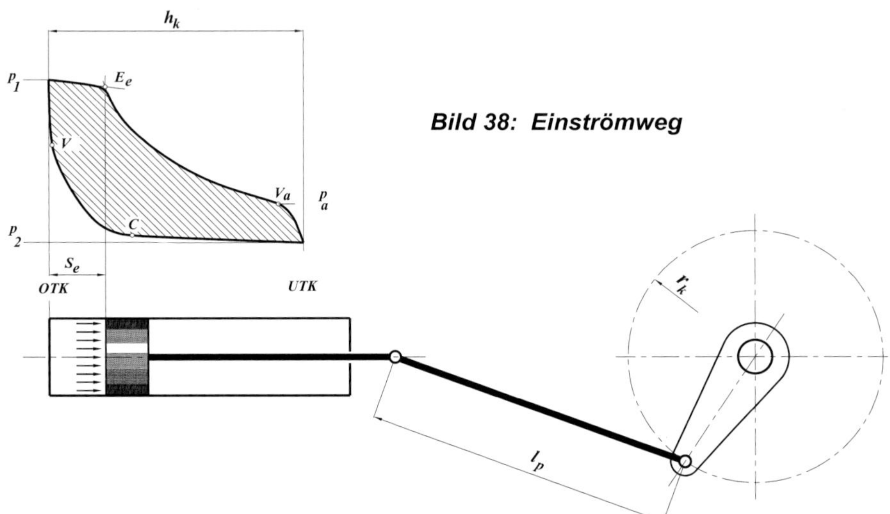

Bild 38: Einströmweg

An dieser Stelle muss erwähnt werden, dass für Modellmaschinen, auch mit Sicht auf die thermodynamischen und mechanischen Wirkungsgrade, kleine Einströmwege (20 % … 40 %) und hohe Dampfdehnungen kaum darstellbar sind. Den Grund für diese Grenze finden wir in den Dampftemperaturen und Dampfdrücken, die für eine Modellmaschine nicht die Größenordnung annehmen können – und dürfen –, die im Großmaschinenbau üblich sind. Auch würde eine zu große Dampfdehnung, auf Kosten der Einströmung, zu großen Temperaturverlusten mit der Gefahr der Kondensation an den Zylinderwänden führen.

Dampfdehnung S_d

Während des Kolbenwegs S_d (vom Punkt E_e bis zum Punkt V_a) entspannt sich der im Zylinder eingeströmte Dampf. Hierbei fällt sein Druck unter weiterer Energieabgabe bis auf den Ausströmdruck p_a ab.

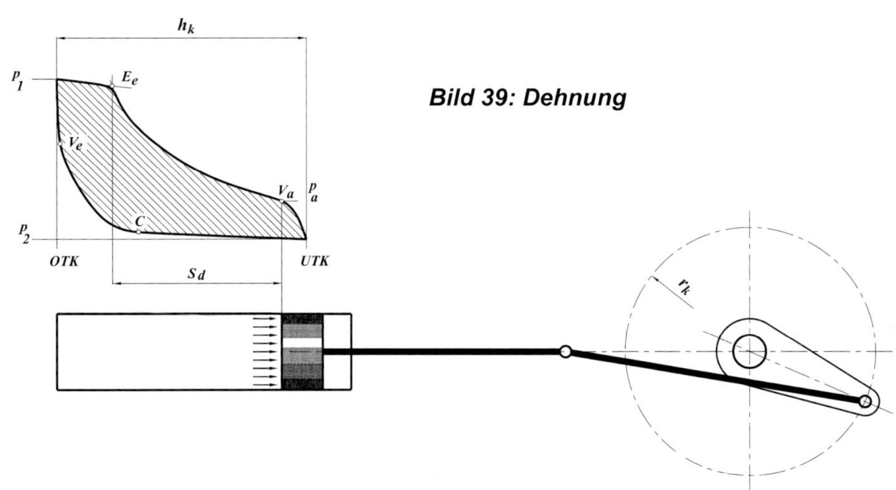

Bild 39: Dehnung

Im Großbetrieb wird die mit dem Frischdampf zugeführte Wärme gut ausgenutzt, wenn der Druckverlust $pa - p_1$ am Ende der Dehnung nicht zu groß wird. Anzustreben ist ein Ausströmdruck von:

$$p_a = p_2 + 0{,}08 \cdot (p_1 - p_2) \quad [2]$$

Bei Gegendruckmaschinen (Maschinen ohne Kondensator) wird im Großbetrieb von einem maximalen Druckverhältnis $p_1 / p_2 = 15$ ausgegangen [3]. Im Modellbetrieb sind derartige Druckdifferenzen jedoch nicht darstellbar, da hier der Frischdampfdruck deutlich unter den Werten des Großbetriebs liegt und außerdem mit der Festlegung des Einströmwegs S_e (50 % von h oder mehr) der Bereich der Dampfdehnung eingegrenzt wird.

Vorausströmung S_{va}

Im Punkt V_a öffnet sich der Dampfauslasskanal. Bis zum unteren Totpunkt des Kolbens ***UTK*** erfolgt die ***Vorausströmung***. Über den dabei zurückgelegten Kolbenweg S_{va} fällt der Druck sehr schnell ab und erreicht im unteren Totpunkt seinen geringsten Wert p_2. Als Anhaltspunkt kann der Ausströmweg von Gegendruckmaschinen (Modelldampfmaschinen sind in Regel Gegendruckmaschinen) mit S_{va} = ***5*** bis ***15 %*** des Kolbenhubes h angenommen werden [4].

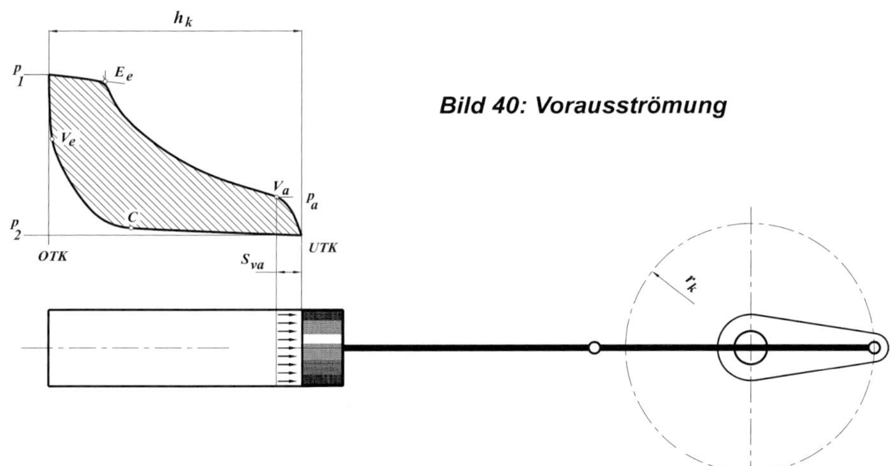

Bild 40: Vorausströmung

Ausströmung S_a

Vom unteren Totpunkt des Kolbens ***UTK*** bis zum Verschließen des Dampfauslasskanals im Punkt ***C*** legt der Kolben den Weg S_a zurück. Bedingt durch die Strömungsverluste steigt der Dampfdruck im Zylinder noch einmal leicht an. In ihrer Größe festgelegt wird die Ausströmung durch die noch zu betrachtenden Wege der Kompression und Voreinströmung.

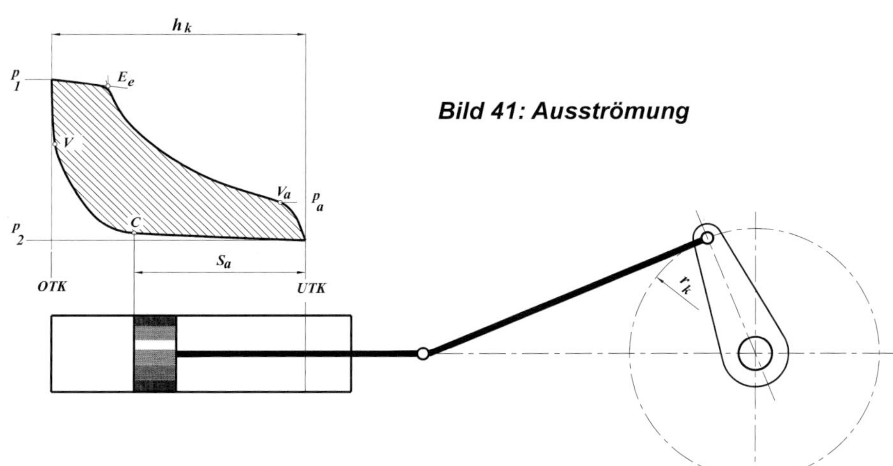

Bild 41: Ausströmung

Kompression S_k

Im Kompressionspunkt C beginnt der Kompressionsweg S_c mit einer deutlich erkennbaren Verdichtung des Restdampfes bis zum Punkt V_e. Im Großbetrieb wird hier eine Verdichtung eingestellt, die den Restdampf auf eine höhere Temperatur bringt, um die Abkühlungsverluste bei der Einströmung des Frischdampfes so gering wie möglich zu halten [5]. Die Verdichtungslinie, vom Punkt C bis zum Punkt V_e folgt ungefähr einer Polytropen $p \cdot v^m$ = const. mit dem Exponenten m von $1{,}1 \ldots 1{,}2$. Hieraus ergibt sich ein ungefährer Kompressionsweg S_k von $10\% \ldots 15\%$.

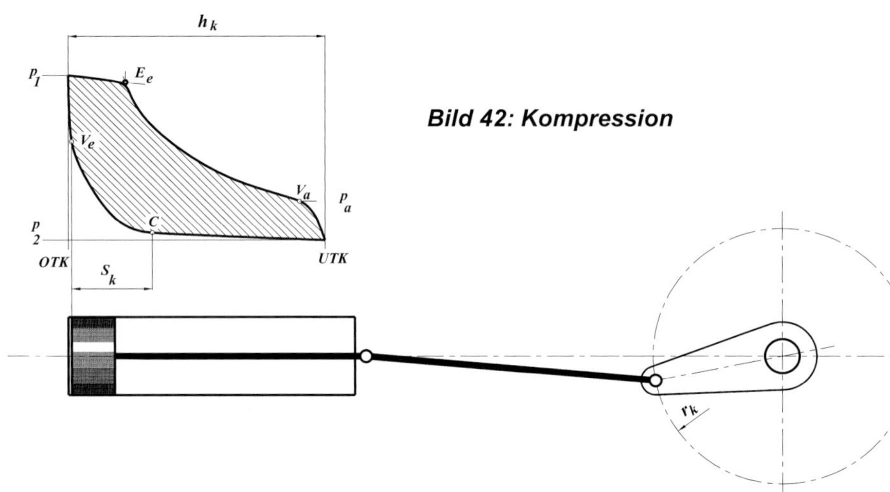

Bild 42: Kompression

Voreinströmung S_{ve}

Kurz vor dem oberen Totpunkt, im Punkt V_e, beginnt die Voreinströmung und endet im oberen Totpunkt *OTK*. An dieser Stelle wird mit p_1 der höchste Druckwert erreicht und das Arbeitsspiel beendet. Damit der Dampfdruck im oberen Totpunkt die Größe des Frischdampfdruckes einnehmen kann, empfiehlt es sich, den Voreinströmweg mit S_{ve} = $1\% \ldots 3\%$ des Kolbenweges zu wählen.

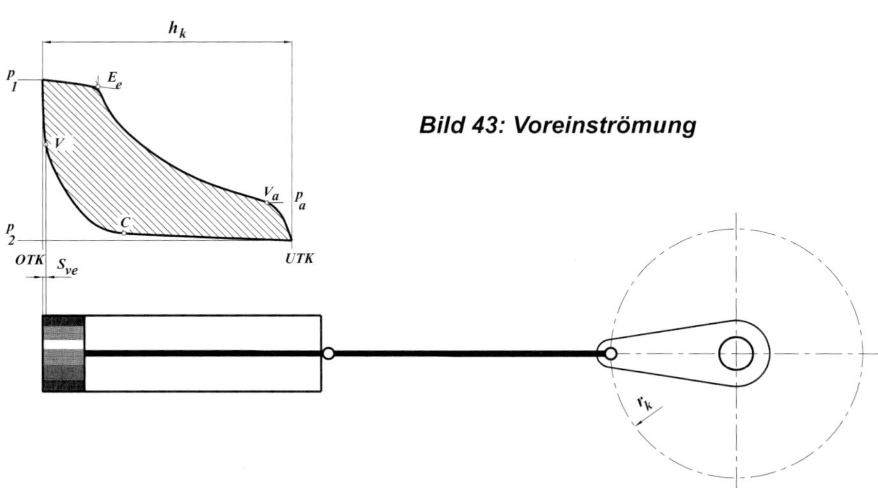

Bild 43: Voreinströmung

Beide Wege S_k und S_{ve} dämpfen infolge des Verdichtungsvorganges die oszillierenden Massen und tragen so zu einem ruhigen Maschinelauf bei.

Unter Anwendung der bisher erarbeiteten Regeln können nun die Wegbereiche, die den Steuerungspunkten zugeordnet sind, festgelegt werden:

Einströmung	S_e	=	*50–90 %*	**des Kolbenwegs**
Dehnung	S_d	=	*5–35 %*	**des Kolbenwegs**
Vorausströmung	S_{va}	=	*5–15 %*	**des Kolbenwegs**
Ausströmung	S_a	=	*82–89 %*	**des Kolbenwegs**
Kompression	S_k	=	*10–15 %*	**des Kolbenwegs**
Voreinströmung	S_{ve}	=	*1– 3 %*	**des Kolbenwegs**

Natürlich sind die hier aufgeführten Kolbenwege kein Gesetz und können den Bedingungen des Einzelfalls angepasst werden, aber als Einstieg in die Auslegung stellen sie eine wichtige Grundlage dar. Mit der Auswahl eines Kolbenweges zum jeweiligen Abschnitt des Kreisprozesses wird in den meisten Fällen eine Anpassung sogar erforderlich, da bei Schiebermaschinen, mit Gegenkurbel oder Exzenter auf der Kurbelwelle, eine symmetrische Verteilung der Steuerwinkel zur OT-UT-Achse des Exzenterkreises zwingend ist.

Bei Ventilmaschinen besteht dieser Zwang zur symmetrischen Anordnung der Steuerpunkte nicht, was bei den Großmaschinen sicher auch dazu geführt hat, dass Ventilmaschinen im hohen Leistungsbereich ein deutlich größeres Anwendungsfeld erlangten.

2.5 Berechnungsgrundlagen

Für die weiteren Betrachtungen müssen wir uns mit den geometrischen Zusammenhängen im Kurbel- und Exzentertrieb auseinandersetzen. Hierbei sind Grundkenntnisse der Trigonometrie hilfreich, aber nicht zwingend. Für theoretische „Tiefschürfer" habe ich die Herleitungen der angewandten Formeln im Anhang ausführlich beschrieben. Es reicht jedoch vollkommen, die folgenden Formeln anzuwenden, wobei das ausführliche Berechnungsbeispiel den eigenen Bedürfnissen angepasst werden kann und eine zusätzliche Hilfe gibt.

Das Grundelement einer Kolbenkraftmaschine – und auch Modelldampfmaschinen können uneingeschränkt in diese Maschinengattung eingeordnet werden – ist der Kurbeltrieb. Der Kurbeltrieb besitzt die angenehme Eigenschaft, aus der oszillierenden (hin- und hergehenden) Bewegung des Kolbens eine rotierende Bewegung der Kurbelwelle zu erzeugen. Unangenehm ist hierbei jedoch, dass die durch die Schwungmassen erzwungene gleichmäßige Rotation der Kurbelwelle nicht zu einer symmetrischen Verteilung der Kolbengeschwindigkeiten über den gesamten Kolbenhub führen. Dieser Effekt erklärt sich durch das Fehlerglied des Kurbeltriebs (Bild 44).

Sein Entstehen verdankt dieses Fehlerglied der endlichen Kurbelstangenlänge l_p. Diese besondere Eigenschaft des Kurbeltriebs führt dazu, dass der Kolben, vom unteren Totpunkt beginnend, nach einer ¼-Umdrehung der Kurbelwelle nicht die Hubmitte r_k erreicht, sondern einen kürzeren Weg r_k-x zurückgelegt hat. Die Rotationsgeschwindigkeit der Kurbel ist aber konstant. Somit legt die Kurbel in gleichen Zeitabschnitten gleiche Winkel zurück. Da jedoch Kurbel- und Kolbentotpunkte exakt zusammenfallen, muss der Kolben in der nächsten ¼-Umdrehung den verlorenen Weg aufholen und diesen Wegabschnitt mit einer höheren Geschwindigkeit zurücklegen.

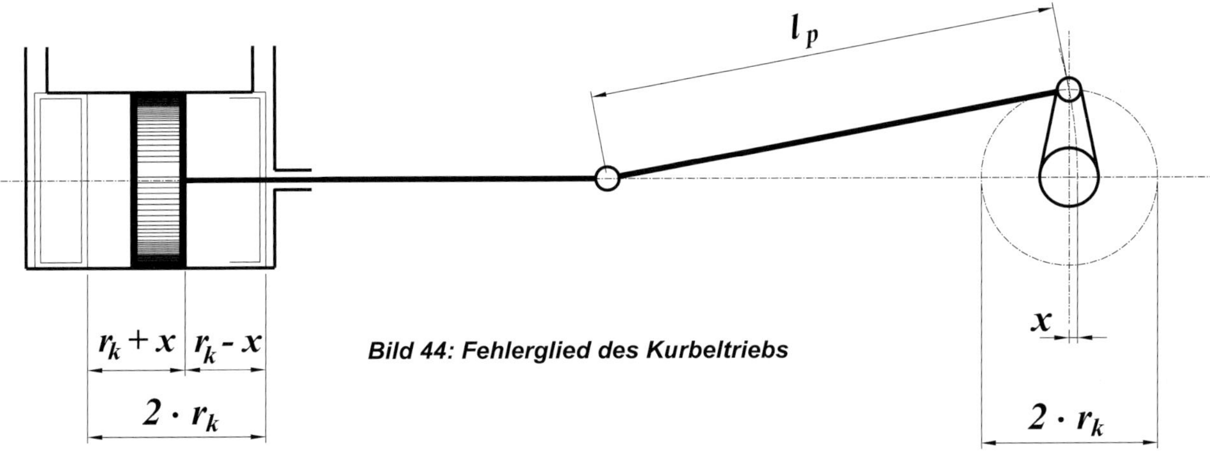

Bild 44: Fehlerglied des Kurbeltriebs

Die im Berechnungsbeispiel benutzten Formeln berücksichtigen das Fehlerglied des Kurbeltriebs und damit auch die hieraus resultierenden Verschiebungen der Steuerzeiten.

Je kürzer die Kurbelstangenlänge l_p bzw. die Exzenterstange l_e wird, desto größer wird auch das Fehlerglied des Kurbeltriebs und damit die Verzerrung des Bewegungsablaufs sowie der Dampfwechselvorgänge.

Mit Kenntnis dieser Zusammenhänge erklärt sich auch die Empfehlung, die Kurbelstangenlänge entsprechend groß zu bemessen. Hilfreich ist dabei, insbesondere für den unerfahrenen Modellbauer, die Nutzung von Verhältniszahlen.

Kolbendurchmesser	D	=	22 mm (gewählt)
Kolbenhub	h_k	=	1 ... 2 x D
Kurbelradius	r_k	=	0,5 x h_k
Exzenterradius	r_e	=	0,2 x D
Kurbelstangenlänge	l_p	=	4 ... 6 x r_k
Exzenterstangenlänge	l_e	=	4 x D

Man sollte jedoch bei der konsequenten Anwendung von Verhältniszahlen zur Dimensionierung immer etwas Vorsicht walten lassen und die physikalischen Auswirkungen im Auge behalten.

Nehmen wir beispielhaft die aus den obenstehenden Verhältnisgleichungen ermittelbare Kurbelstangenlänge.

Wenn der Kolbenhub hk = 1 bis 2 x D ist und zwangsweise der Kurbelradius r_k = 0,5 x h_k beträgt, ergibt sich für rk:

$$rk_{\min} = 0{,}5 \cdot hk_{\min} = 0{,}5 \cdot 1 \cdot D = 0{,}5 \cdot 22 = \underline{\underline{11\,mm}}$$

$$rk_{\max} = 0{,}5 \cdot hk_{\max} = 0{,}5 \cdot 2 \cdot D = 1 \cdot 22 = \underline{\underline{22\,mm}}$$

Für die Kurbelstange entstehen, unter Anwendung der berechneten Werte r_{kmin} bis r_{kmax}, Grenzlängen von:

$$lp_{\min} = 4 \cdot rk_{\min} = 4 \cdot 11 = \underline{\underline{44\,mm}} \qquad lp_{\max} = 6 \cdot rk_{\max} = 6 \cdot 22 = \underline{\underline{132\,mm}}$$

Was dies praktisch bedeutet, zeigt Bild 45.

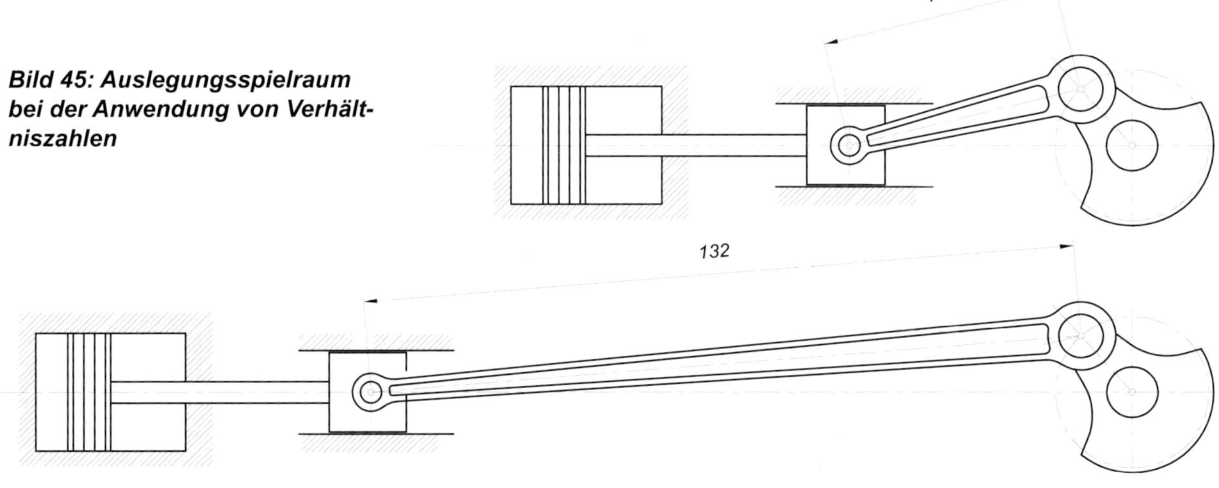

Bild 45: Auslegungsspielraum bei der Anwendung von Verhältniszahlen

Die im weiteren Verlauf gewählte Darstellung des Kurbeltriebs weicht ein wenig von der allgemein üblichen Form ab.

In fast allen Fachbüchern findet man die Darstellung einer rechts (im Uhrzeigersinn) drehenden Kurbel-Exzenterkombination. Dies wurde bewusst vermieden, um die Berechnungen den mathematischen Regeln der Trigonometrie und des Einheitskreises anzugleichen.

So können die Winkelfunktionen durch Anordnung der Kurbelmitte in den Ursprung des Koordinatensystems ohne Umformung genutzt werden.

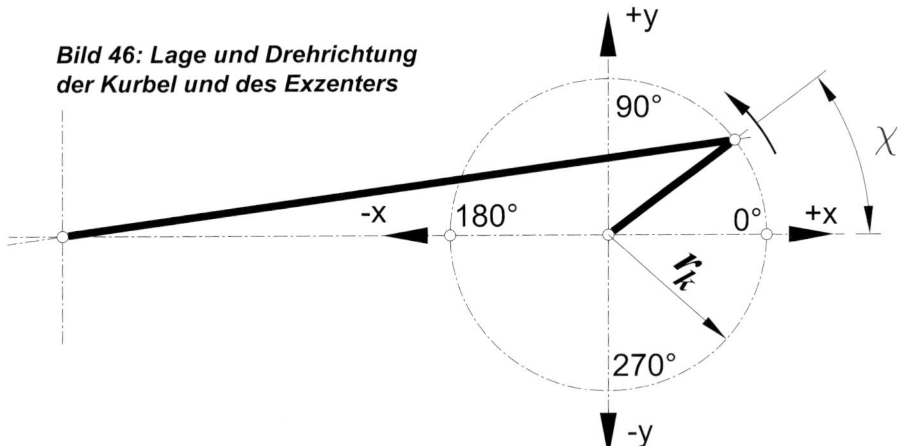

Bild 46: Lage und Drehrichtung der Kurbel und des Exzenters

Wie in der Mathematik üblich, liegt der Winkelnullpunkt auf dem Schnittpunkt von Kurbelkreis (Einheitskreis) mit der positiven X-Achse und die Winkelwerte steigen linksdrehend (siehe Bild 46).

Die konsequente Anwendung dieser Festlegung führt zu eindeutigen Berechnungsformeln, die sowohl für den Weg zum oberen, als auch für den Weg zum unteren Totpunkt richtige Ergebnisse liefern (siehe Anhang).

Von den im Anhang abgeleiteten Berechnungsformeln des Kolbenwegs wurde eine ausgewählt. Mit dieser Formel kann, für beide Bewegungsrichtungen des Kolbens, der Weg berechnet werden.

Weg s in Abhängigkeit vom Kurbelwinkel χ:

$$s = r_k \cdot \cos\chi + r_k + l_p - \sqrt{l_p^2 - (r_k \cdot \sin\chi)^2}$$

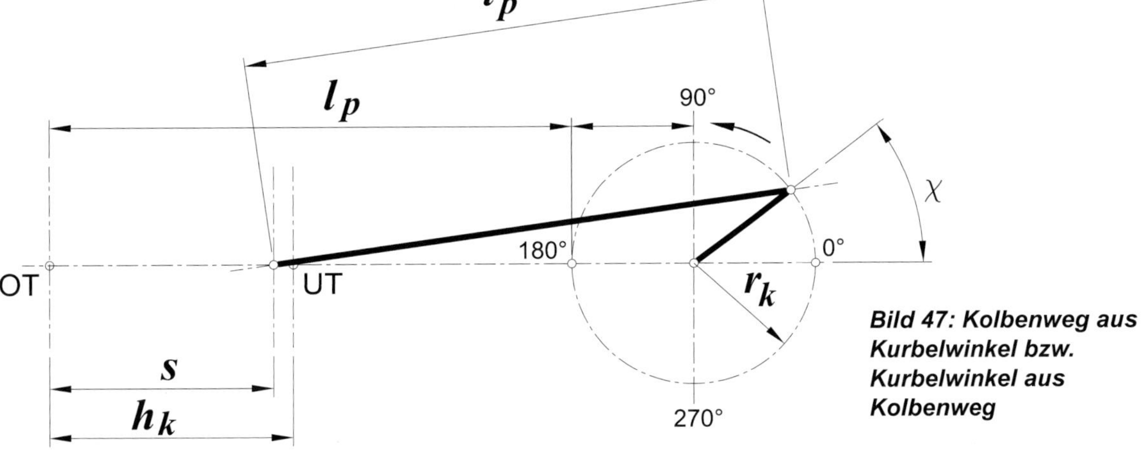

Bild 47: Kolbenweg aus Kurbelwinkel bzw. Kurbelwinkel aus Kolbenweg

Bei der Berechnung des Kurbelwinkels χ oder des Exzenterwinkels σ aus dem Weg s ist die Bewegungsrichtung des Kolbens zu berücksichtigen. Für den Weg von UT → OT (Bild 47) lautet die Formel:

$$\chi = 180° - \arccos\left(\frac{r_k^2 + (l_p + r_k - s)^2 - lp^2}{2 \cdot r_k \cdot (l_p - r_k - s)}\right)$$

und für den Kolbenweg von OT → UT

$$\chi = 180° + \arccos\left(\frac{r_k^2 + (l_p + r_k - s)^2 - lp^2}{2 \cdot r_k \cdot (l_p - r_k - s)}\right)$$

Eine weitere wichtige Grundlage ist die eindeutige Festlegung der Totpunkte eines Kurbel- oder Exzenterantriebs.

Häufig trifft man auf die Zuordnung des oberen und unteren Totpunktes in Abhängigkeit von der Kolbenbewegung. Hierbei wird der in Bewegungsrichtung obere oder untere Umkehrpunkt des Kolbens unabhängig von der Kurbelwellenlage (über oder unter der Zylinder-Kolbeneinheit) als oberer oder unterer Totpunkt bezeichnet.

Dynamisch entstehen im Kurbeltrieb zwischen dem oberen und unteren Totpunkt aber signifikante Belastungsunterschiede, so dass unabhängig von der Einbaulage der Kurbelwelle eine eindeutig anwendbare Definition benötigt wird:

Der obere Totpunkt ist gekennzeichnet durch den maximalen Abstand c zwischen Pleuelbolzenmitte und Kurbelwellenmitte.

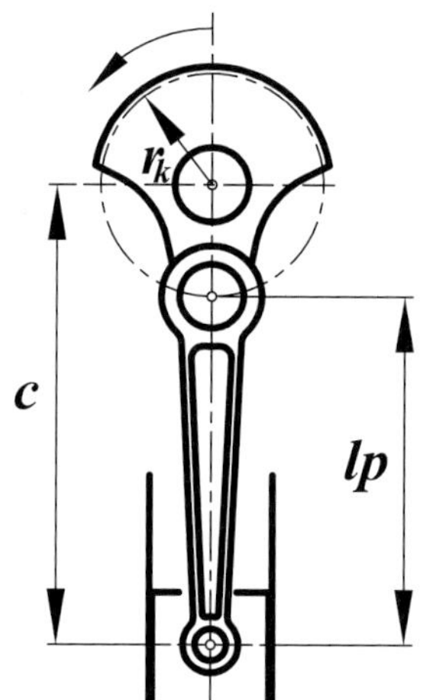

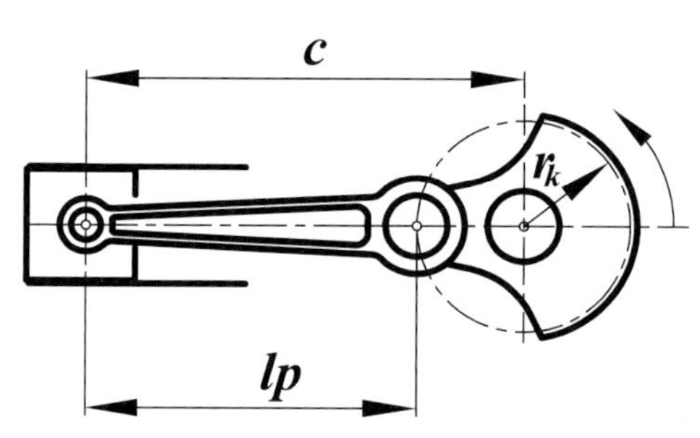

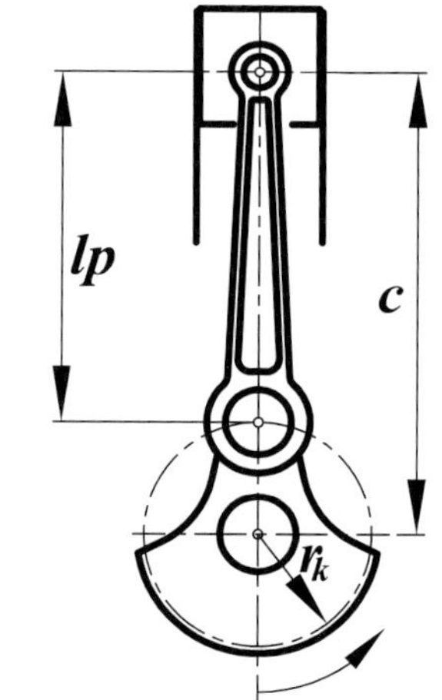

Bild 48: Beispiele OT

Der untere Totpunkt ist gekennzeichnet durch den minimalen Abstand c zwischen Pleuelbolzenmitte und Kurbelwellenmitte.

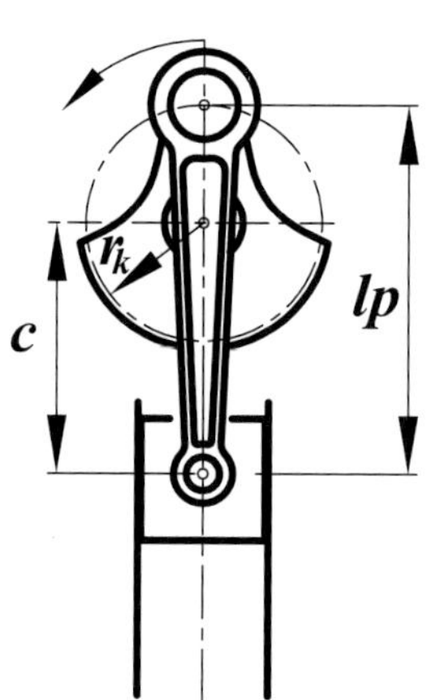

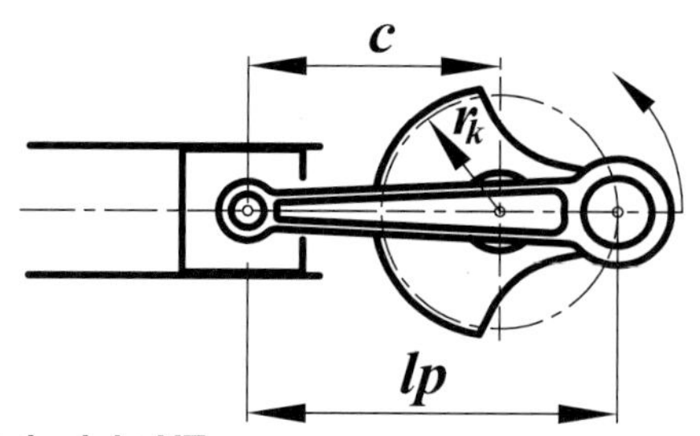

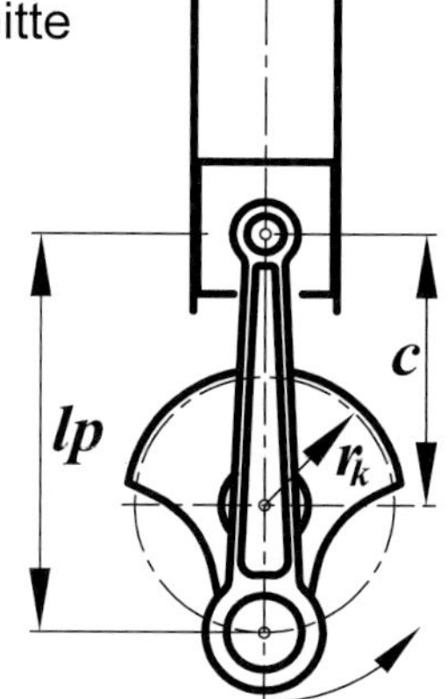

Bild 49: Beispiele UT

3. Berechnung der Schieberabmessungen

Wie bei fast allen technischen Problemstellungen bieten sich auch bei der Auslegung von Schiebersteuerungen mehrere Lösungswege an.

Der wohl am häufigsten beschrittene Weg nutzt die Schieberdiagramme von Reuleaux-Müller oder Zeuner. Ein großer Vorteil dieser Diagramme liegt in der Möglichkeit, die gesuchten Schieberabmessungen zeichnerisch zu ermitteln. Nachteilig ist jedoch die Vernachlässigung des Fehlerglieds im Kurbel- oder Exzentertrieb. Im Verhältnis zum Kurbelradius kurze Kurbel- und Exzenterstangen führen zu durchaus unangenehmen Abweichungen von den zeichnerischen Ergebnissen. Dennoch sollen auch die Erstellung und der Gebrauch dieser Diagramme später noch dargestellt werden.

Alternativ zur zeichnerischen Lösung wird zunächst ein Berechnungsverfahren vorgestellt, das den Besonderheiten des Kurbeltriebs Rechnung trägt und das Fehlerglied des Kurbeltriebs für beide Funktionselemente, Kurbel- und Exzentertrieb, berücksichtigt.

Beide Wege (Diagramm und Berechnung) stützen sich jedoch auf die Kenntnis der Steuerpunkte auf dem Kurbelkreis, die in Anlehnung an die thermodynamischen Vorgaben (Abschnitte 2.4.1 bis 2.4.8) zunächst als Kolbenwege in % des Gesamthubes festgelegt wurden.

Ebenso wichtig ist die Verwendung der Kolben- und Schieberwege vom oberen Totpunkt bis zum gerade betrachteten Steuerpunkt. Erst durch diese Festlegung wird die Voraussetzung zur eindeutigen Ermittlung der Winkel und Wege geschaffen (siehe Seite 32–33).

Da wir außerdem eine doppeltwirkende Maschine berechnen wollen und die Auswirkung der endlichen Kurbel- und Exzenterstange berücksichtigen, muss in deckel- und kurbelseitige Steuerpunkte unterschieden werden. Die einzelnen Steuerpunkte sowie Kolben- und Schieberwege erhalten deshalb einen zusätzlichen Index ***d*** für die Deckel- und ***k*** für die Kurbelseite. Zur Verdeutlichung dieser, von den allgemeinen Wegzuordnungen abweichenden Vorgaben ist die geänderte Darstellung der Kolbenwege im Dampfdruckdiagramm beider Zylinderkammern (deckel- und kurbelseitig) in Bild 50 dargestellt.

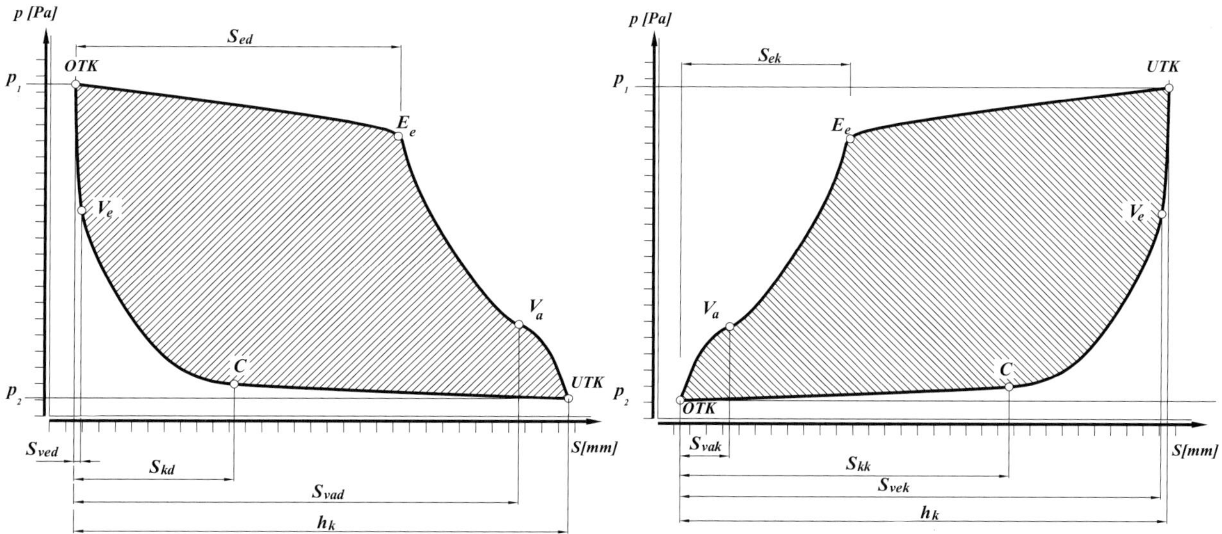

Bild 50: Wegzuordnung im Dampfdruckdiagramm

Für den Kurbel- und Exzentertrieb unserer Modellrechnung werden, unter Zuhilfenahme der bereits erwähnten Verhältniszahlen, folgende Ausgangsgrößen festgelegt:

Da in diesem Punkt der Kolben auf dem Weg von ***OTK*** nach ***UTK*** ist, muss die Formel:

$$\chi_{Eed} = 180° + \arccos\left(\frac{r_k^2 + (r_k + l_p - s_{ed})^2 - l_p^{\ 2}}{2 \cdot r_k \cdot (r_k + l_p - s_{ed})}\right)$$

zur Anwendung kommen

$$\chi_{Eed} = 180° + \arccos\left(\frac{14^2 + (14 + 60 - 19{,}6)^2 - 60^2}{2 \cdot 14 \cdot (14 + 60 - 19{,}6)}\right) = \underline{\underline{286{,}972°}}$$

Einströmwinkel

Der Einströmwinkel ε_d wird durch die Winkeldifferenz χ_{Eed} minus χ_{Ved} bestimmt.

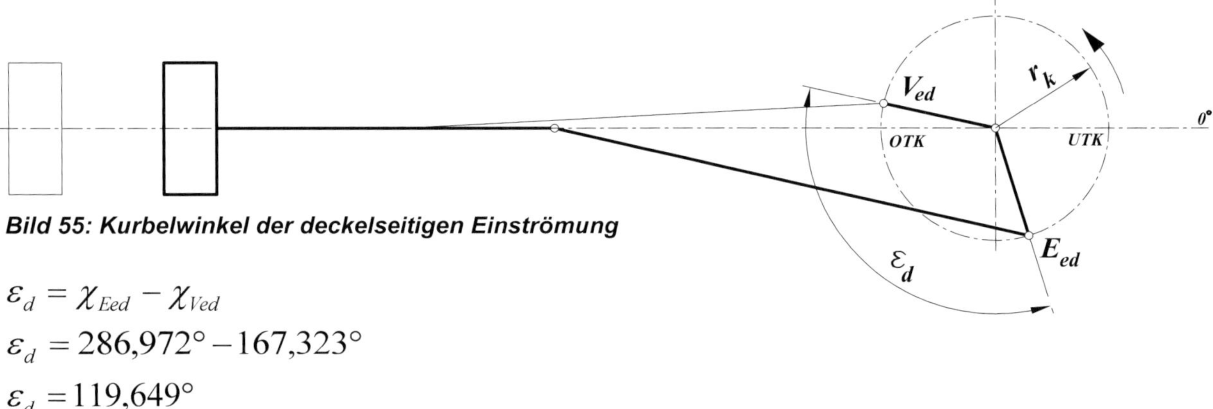

Bild 55: Kurbelwinkel der deckelseitigen Einströmung

$$\varepsilon_d = \chi_{Eed} - \chi_{Ved}$$

$$\varepsilon_d = 286{,}972° - 167{,}323°$$

$$\varepsilon_d = \underline{\underline{119{,}649°}}$$

Im Punkt V_{ed} gibt der Schieber den Kanal zur Einströmung frei, um ihn am Punkt E_d wieder zu verschließen. Somit muss der Totpunkt des Schiebers auf dem halben Einströmwinkel ε_d liegen (Bild 56).

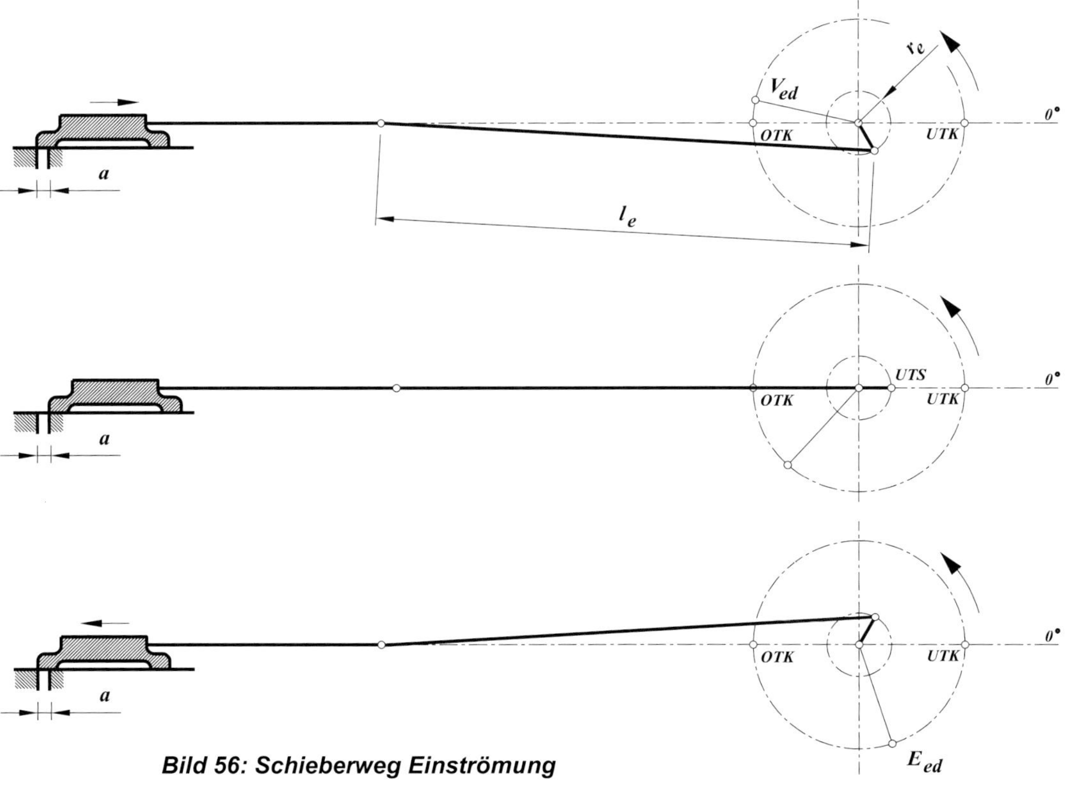

Bild 56: Schieberweg Einströmung

Wenn der Exzenter auf dem halben Einströmwinkel der Kurbel seinen unteren Totpunkt ***UTS*** erreicht, lässt sich auch der Winkelversatz ρ zwischen Kurbel und Exzenter bestimmen (Bild 57).

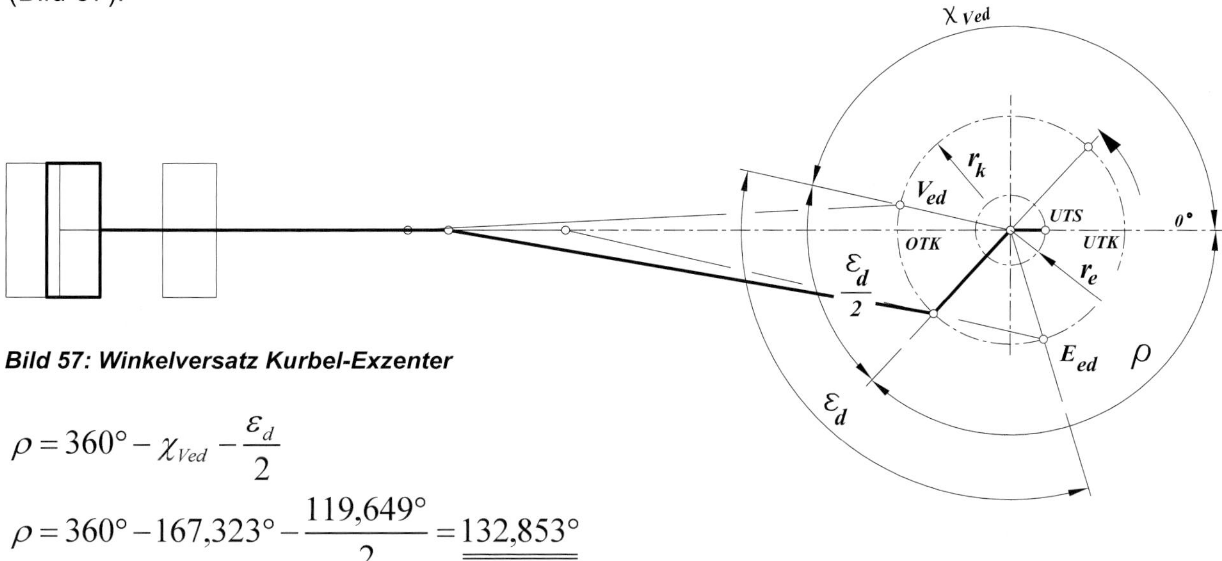

Bild 57: Winkelversatz Kurbel-Exzenter

$$\rho = 360° - \chi_{Ved} - \frac{\varepsilon_d}{2}$$

$$\rho = 360° - 167{,}323° - \frac{119{,}649°}{2} = \underline{\underline{132{,}853°}}$$

Die bisherigen Erkenntnisse bilden die Grundlage zur Bestimmung des Exzenterradius. Für einen fest mit der Kurbelwelle verbundenen Exzenter gilt natürlich der gleiche Winkelbetrag, von Beginn bis Ende des Einströmvorgangs, wie für die Kurbelwelle. Folglich bestimmt die Kanalbreite ***a*** auch den Exzenterradius. Hierzu ist es allerdings wichtig, den erforderlichen Kanalquerschnitt zu kennen.

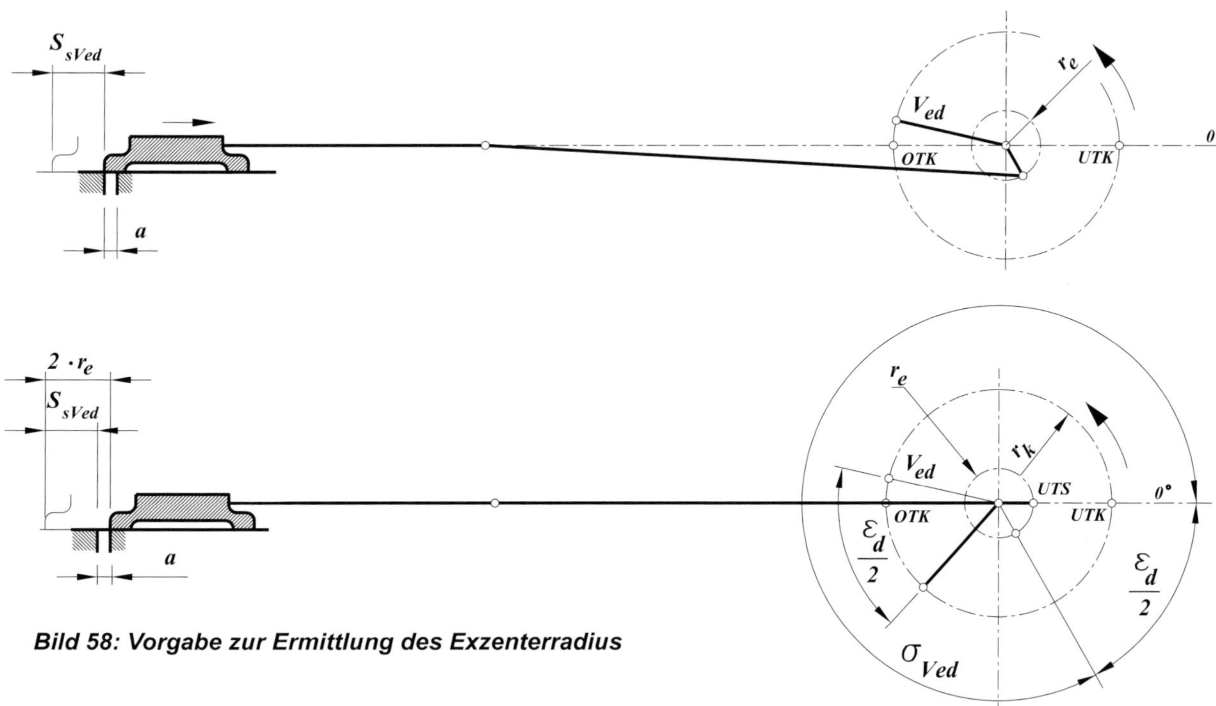

Bild 58: Vorgabe zur Ermittlung des Exzenterradius

3.2 Ermittlung des Exzenterradius

Natürlich kann der Exzenterradius auch unter Zuhilfenahme der Verhältniszahlen vorbestimmt werden. Wer jedoch eine möglicherweise erforderliche Korrektur vermeiden will, kann den Exzenterradius berechnen.

Die Berechnung des Exzenterradius stützt sich auf den strömungstechnisch sinnvoll bemessenen Kanalquerschnitt. Hierzu werden sowohl Drehzahl, maximal zulässige Dampfgeschwindigkeit als auch die höchste Kolbengeschwindigkeit benötigt.

Unter Berücksichtigung der im Modellbau meist strömungsungünstig geformten Dampfkanäle wird die maximale Dampfgeschwindigkeit im Kanal, im Gegensatz zum Großmaschinenbau, wo Strömungsgeschwindigkeiten bis 60 m/s durchaus üblich sind, auf maximal 20 m/s begrenzt.

Diese Dampfgeschwindigkeit sollte bei der höchsten Kolbengeschwindigkeit nicht überschritten werden.

Als maximale Drehzahl legen wir für unsere Modelldampfmaschine 800 min^{-1} (U/min) fest.

Ganz entscheidend für die weitere Berechnung ist, dass strömende Gase bis zu einer Strömungsgeschwindigkeit von Mach 0,2 (66 m/s) inkompressibel sind und sich wie Flüssigkeiten verhalten [26]; und Dampf ist nun einmal ein strömendes Gas.

Somit muss das durch die Kolbengeschwindigkeit „angesaugte“ Volumen auch den Dampfkanal passieren.

Die Ausgangsdaten zur Bestimmung des Kanalquerschnitts lauten:

v_{Dmax} = 20 m/s (20000 mm/s)
n_{max} = 800 min^{-1}
D = 22 mm
r_k = 14 mm
l_p = 60 mm

Aus dem Weg $s = rk \cdot \cos\chi + rk + lp - \sqrt{lp^2 - (rk \cdot \sin\chi)^2}$ (siehe Grundlagen) kann, über die Zeit, die Geschwindigkeit des Kolbens in Abhängigkeit vom Kurbelwinkel abgeleitet werden. Da es sich um eine rotierende Bewegung handelt, vereinfacht die Einführung der Winkelgeschwindigkeit ω die weitere Berechnung.

$$\omega = \frac{2 \cdot \pi \cdot n}{60}$$

Die Momentangeschwindigkeit des Kolbens im Winkel χ beträgt:

$$v = R \cdot \omega \cdot \left(\sin\chi + \frac{1}{2} \cdot \sin 2\chi \right)$$

Hier stellt sich die Frage, bei welchem Kurbelwinkel der Kolben seine maximale Geschwindigkeit erreicht. Betrachtet man die Bewegungsverhältnisse von Kurbel, Kurbelstange und geradlinig geführtem Kreuzkopf (Kolben), erkennt man, dass nicht im Winkel von 90° der Kolben seine maximale Geschwindigkeit erreicht, sondern im Kurbelwinkel von:

$$\chi_{v\max} = \arccos\left[-\frac{1}{4 \cdot \lambda} \pm \sqrt{\left(\frac{1}{4 \cdot \lambda}\right)^2 + \frac{1}{2}} \right] \text{ wobei } \lambda = \frac{r_k}{l_p} \text{ ist.}$$

Mit dem Winkel der maximalen Kolbengeschwindigkeit und der Formel für die Momentangeschwindigkeit des Kolbens erhalten wir glücklicherweise eine wesentlich „handlichere“ Formel für die maximale Kolbengeschwindigkeit im Kurbeltrieb.

$$v_{k\max} = r_k \cdot \omega \cdot \sqrt{1 + \lambda^2}$$

In unserem Beispiel:

$$v_{k\max} = 14 \cdot \frac{2 \cdot \pi \cdot 800}{60} \cdot \sqrt{1 + \left(\frac{14}{60}\right)^2} = \underline{\underline{1204{,}366 \frac{mm}{s}}}$$

Dies bedeutet, dass der Kolben im Punkt der höchsten Geschwindigkeit ein Volumen ansaugt, das seiner Geschwindigkeit mal der Kolbenfläche entspricht.

Der Volumenstrom bei der Geschwindigkeit v_{kmax} beträgt somit:

$\dot{V}_{\max} = v_{k\max} \cdot A_k$ und mit $A_k = \frac{D^2 \cdot \pi}{4} = \frac{22^2 \cdot \pi}{4} = \underline{\underline{380{,}133 mm^2}}$

$$\dot{V}_{\max} = 1204{,}366 \cdot 380{,}133 = \underline{\underline{457818{,}91 \frac{mm^3}{s}}}$$

Dieses Ansaugvolumen muss bei einer Geschwindigkeit von 20000 mm/s durch den Ansaugkanal passen. Somit wird der Kanalquerschnitt:

$$A_{kanal} = \frac{\dot{V}_{\max}}{v_{D\max}} = \frac{457818{,}91}{20000} = \underline{\underline{22{,}89 mm^2}}$$

An dieser Stelle muss der Maschinenbau wieder herhalten, denn es stellt sich die Frage: Wie lang darf der Dampfkanal denn werden?

In der Fachliteratur findet man Vorgaben von 0,5 … 0,8 x ***D*** [27]. Der Grund für die geringe Kanallänge von (0,5 x D) liegt in der Laufsicherheit von Maschinen mit vorgespannten Kolbenringen. Bei zu großer Kanallänge besteht die Gefahr, dass die Kolbenringe in den Kanal springen, wobei Kolben und Zylinder beschädigt werden können.

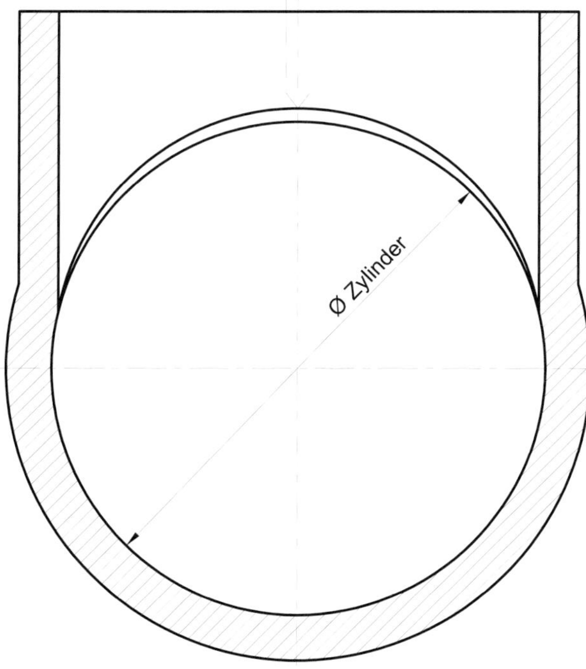

Bild 59: Einspringen von Kolbenringen in den Kanalquerschnitt

Gehen wir also von 0,5 x ***D*** aus, beträgt die Kanallänge ca. 11 mm. Da für Modellmaschinen der Kanal mit einem Schaft- oder Langlochfräser hergestellt wird und der erforderliche Querschnitt 22,89 mm² beträgt, liegt es nahe, für die Kanalherstellung einen 2-mm-Fräser zu wählen.

Mit dieser Kanalbreite (2 mm) und aus der sich frästechnisch ergebenden Geometrie wird die erforderliche Kanallänge:

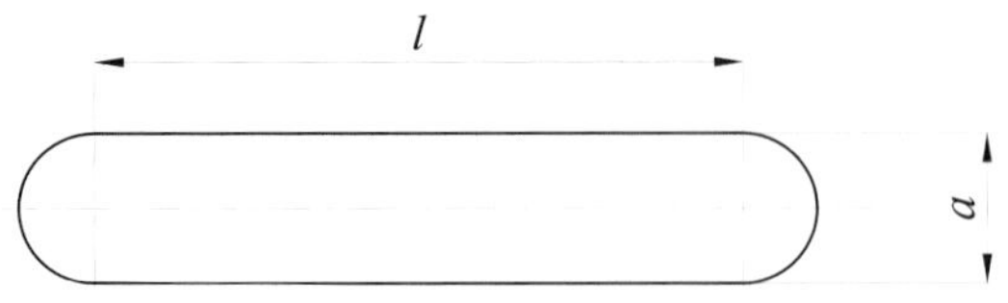

Bild 60: Kanalgeometrie

$$A_{kanal} = a \cdot (l - a) + a^2 \cdot \frac{\pi}{4}$$

stellt man diese Formel nach l um, so erhält man:

$$l = \frac{A_{kanal}}{a} - \frac{a \cdot \pi}{4} + a$$

Mit den Vorgabedaten erhalten wir eine Kanallänge von 11,87 mm.

Wichtiger ist aber, dass wir mit der nun festliegenden Kanalbreite von 2 mm den zum vollständigen Öffnen des Kanals erforderlichen Exzenterradius bestimmen können.

Vernachlässigen wir zur Berechnung des Exzenterradius das Fehlerglied des Kurbeltriebs, was in diesem Fall bei dem sehr kleinen Quotienten r_e / l_e durchaus zulässig ist, dann muss der Exzenterradius einen Kreis bilden, bei dem die Sehnenhöhe des Kreisabschnitts mit dem Winkel ε der Kanalbreite a entspricht (Bild 61). Somit ist:

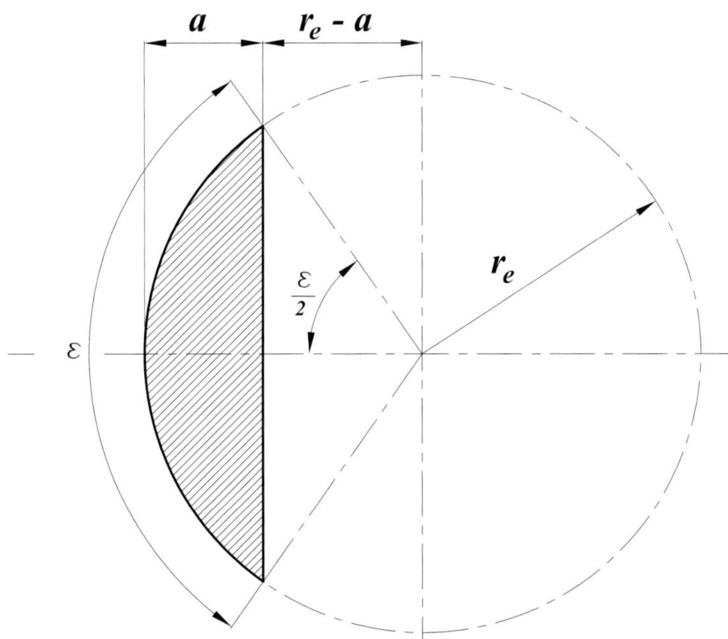

Bild 61: Bestimmung des Exzenterradius

$$r_e - a = \cos\frac{\varepsilon}{2} \cdot r_e$$

nach r_e umgestellt

$$r_e = \frac{a}{1 - \cos\frac{\varepsilon}{2}}$$

wobei in unserem Fall mit:

ε = 119,649°

a = 2 mm

der Exzenterradius folgenden Wert hat:

$$r_e = \frac{2}{1 - \cos\frac{119{,}649°}{2}} = \underline{\underline{4{,}0213mm}}$$

Mit dem nun bekannten und auf 4 mm festgelegten Exzenterradius kann die komplette Schieberberechnung schrittweise fortgesetzt werden.

Wir wissen, dass nach dem halben Einströmwinkel ε der Exzenter seinen unteren Totpunkt erreicht hat. Somit beträgt der im Punkt σ_{Ved} zurückgelegte Exzenterwinkel:

$$\sigma_{Ved} = 360° - \frac{\varepsilon_d}{2} = 360° - \frac{119{,}649}{2} = \underline{\underline{300{,}175°}}$$

Außerdem beträgt der vom oberen Schiebertotpunkt ***OTS*** bis zum Punkt der Voreinströmung zurückgelegte Schieberweg:

$$s_{sVed} = r_e \cdot (1 + \cos(\sigma_{Ved})) + l_s \cdot \left(1 - \sqrt{1 - \left(\frac{r_e}{l_e} \cdot \sin(\sigma_{Ved})\right)^2}\right)$$

$$s_{sVed} = 4 \cdot [1 + \cos(300{,}175)] + 80 \cdot \left[1 - \sqrt{1 - \left(\frac{4}{80} \cdot \sin(300{,}175)\right)^2}\right] = \underline{\underline{6{,}085mm}}$$

Auf den Kurbelkreis bezogen, liegen der untere Schiebertotpunkt UTS_{kw}, und der obere Schiebertotpunkt OTS_{kw} um 180° versetzt. Werden beide Schiebertotpunkte durch eine Linie verbunden, entsteht eine Symmetrieachse (Bild 62), deren Neigungswinkel τ bei der weiteren Berechnung sehr hilfreich ist.

$$\chi_{OTS-UTS} = \frac{\chi_{Ved} + \chi_{Eed}}{2}$$

$$\tau = \chi_{OTS-UTS} - 180°$$

$$\tau = \frac{\chi_{Ved} + \chi_{Eed}}{2} - 180°$$

$$\tau = \frac{167{,}323° + 286{,}972°}{2} - 180°$$

$$\tau = \underline{\underline{47{,}147°}}$$

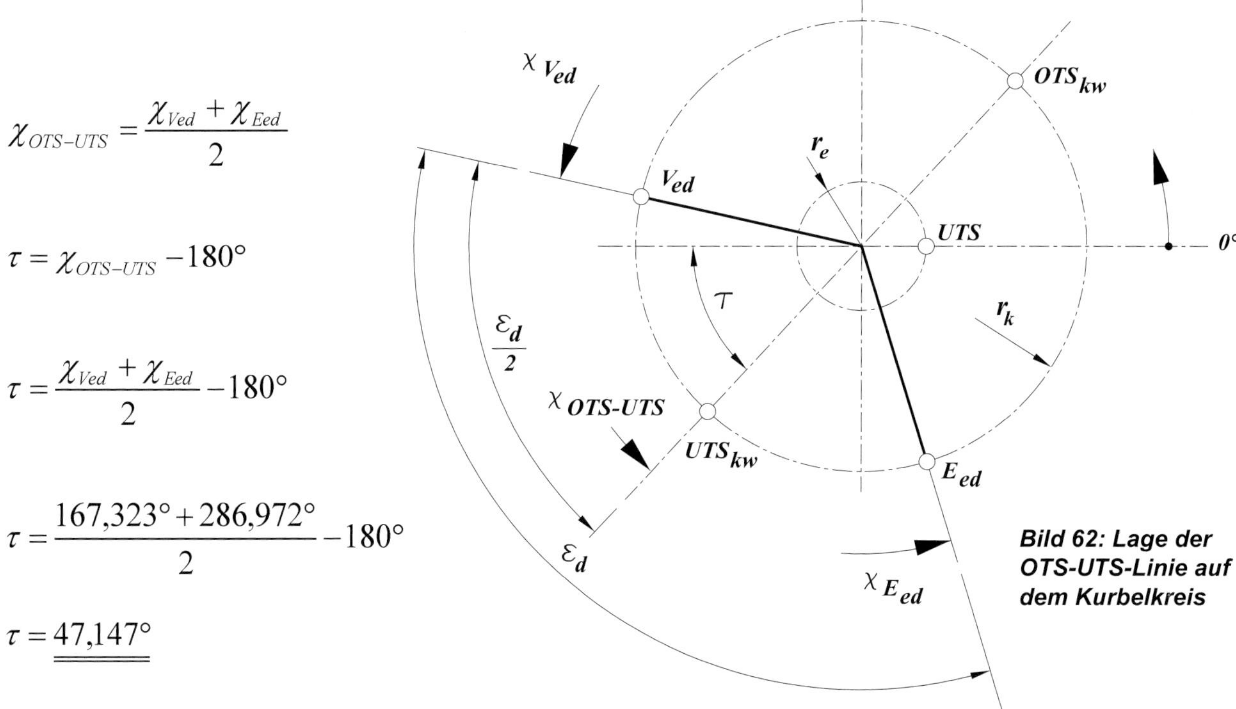

Bild 62: Lage der OTS-UTS-Linie auf dem Kurbelkreis

Mit dem Kolbenweg der Vorausströmung s_{va} kann der zugehörige Kurbelwinkel χ_{Vad} berechnet werden. Hierbei ist zu beachten, dass der berechnete Weg sich in den meisten Fällen auf die Distanz des Kolbens bis zum unteren Totpunkt ***UTK*** bezieht. Für die winkelgerechte Berechnung ist jedoch der auf Seite 37 ermittelte Weg S_{Vad} des Kolbens, von ***OTK*** bis V_{ad}, einzusetzen.

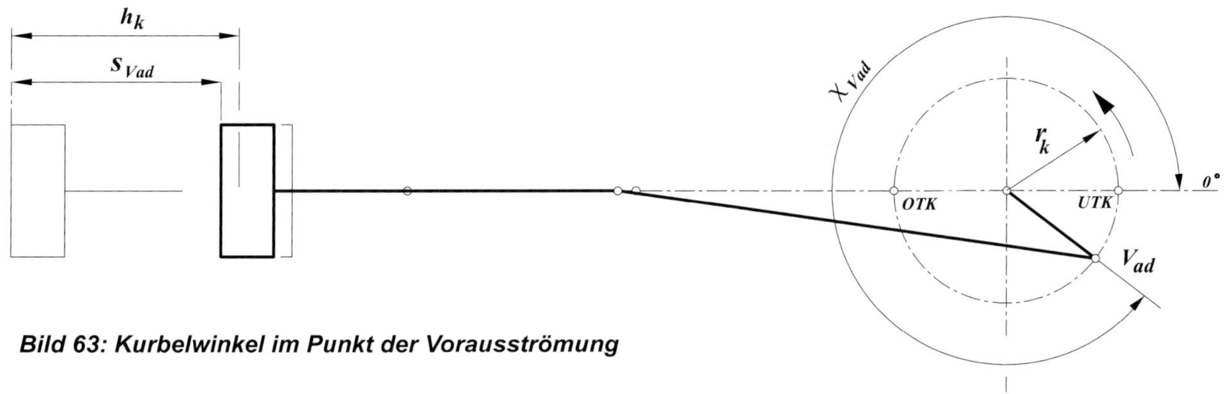

Bild 63: Kurbelwinkel im Punkt der Vorausströmung

$s_{Vad} = 25,76\ mm$

$$\chi_{Vad} = 180° + \arccos\left[\frac{r_k^2 + (r_k + l_p - s_{Vad})^2 - l_p^2}{2 \cdot r_k \cdot (r_k + l_p - s_{Vad})}\right]$$

$$\chi_{Vad} = 180° + \arccos\left[\frac{14^2 + (14 + 60 - 25,76)^2 - 60^2}{2 \cdot 14 \cdot (14 + 60 - 25,76)}\right] = \underline{\underline{322,871°}}$$

Addiert man auf den Kurbelwinkel den Winkelversatz ρ, so erhält man den Exzenterwinkel im Punkt der Vorausströmung. In diesem Punkt gibt die innere Steuerkante des Schiebers gerade den Kanal zur Ausströmung frei (Bild 64).

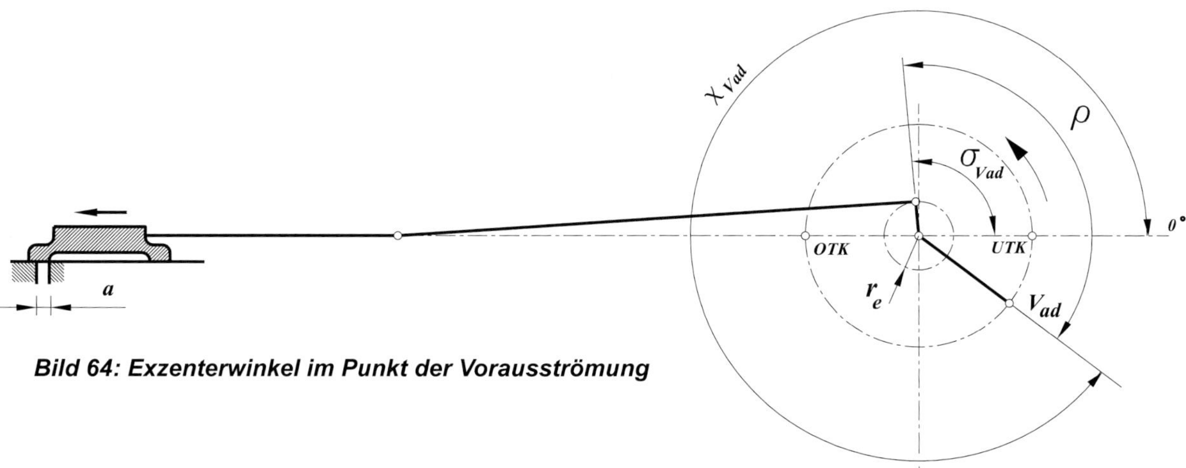

Bild 64: Exzenterwinkel im Punkt der Vorausströmung

Der Exzenterwinkel in diesem Punkt bestimmt sich durch:

$$\sigma_{Vad} = \chi_{Vad} + \rho - 360$$

$$\sigma_{Vad} = 322,871° + 132,853° - 360° = \underline{\underline{95,724°}}$$

Ist σ_{Vad} bekannt, kann auch der zu diesem Winkel gehörende Schieberweg ausgerechnet werden.

$$s_{sVad} = r_e \cdot (1 + \cos(\sigma_{Vad})) + l_s \cdot \left(1 - \sqrt{1 - \left(\frac{r_e}{l_e} \cdot \sin(\sigma_{Vad})\right)^2}\right)$$

$$s_{sVad} = 4 \cdot (1 + \cos(95,724°)) + 80 \cdot \left(1 - \sqrt{1 - \left(\frac{4}{80} \cdot \sin(95,724°)\right)^2}\right) = \underline{\underline{3,7mm}}$$

Wenn

$$\sigma_{vad} = \chi_{vad} + \rho - 360°$$

ist, dann beträgt:

$$\alpha_d = 2 \cdot (180° - \sigma_{vad}) = 2 \cdot [180° - (\chi_{vad} + \rho - 360°)] = 2 \cdot (180° - \chi_{vad} - \rho + 360°)$$

$$\alpha_d = 2 \cdot (540° - 322{,}871° - 132{,}853°) = \underline{\underline{168{,}552°}}$$

Und mit dem Ausströmwinkel α_d kann auch der Kompressionspunkt C_d bestimmt werden.

$$\chi_{Cd} = \chi_{vad} + \alpha_d - 360° = 322{,}871° + 168{,}552° - 360° = \underline{\underline{131{,}423°}}$$

Trägt man die Kurbelwinkel

χ_{Ved} = 167,323°
χ_{Eed} = 286,972°
χ_{Vad} = 322,871°
χ_{Cd} = 131,423°

auf dem Kurbelkreis ab, erhält man die Punkte, in denen der Dampfkanal geöffnet bzw. geschlossen wird (Bild 65).

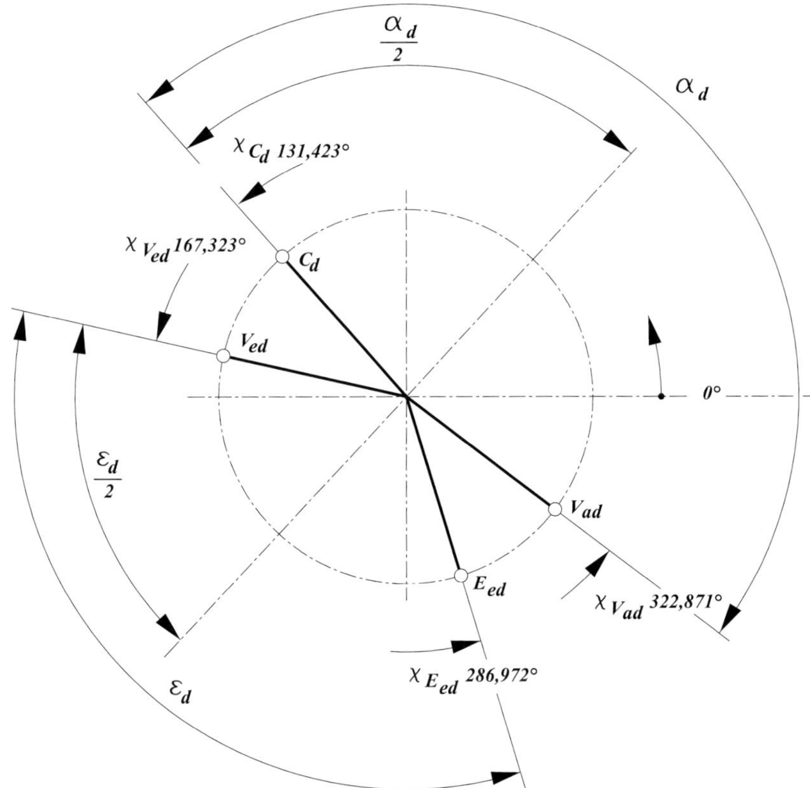

Bild 65: Kurbelwinkel für den deckelseitigen Dampfwechselvorgang

Damit liegen die deckelseitigen Steuerpunkte fest und es können über die zugehörigen Schieberwege s_{sVed} = 6 mm (gerundet) und s_{sVed} = 3,7 mm die Schieberabmessungen für den deckelseitigen Kanal bestimmt werden (Bild 66).

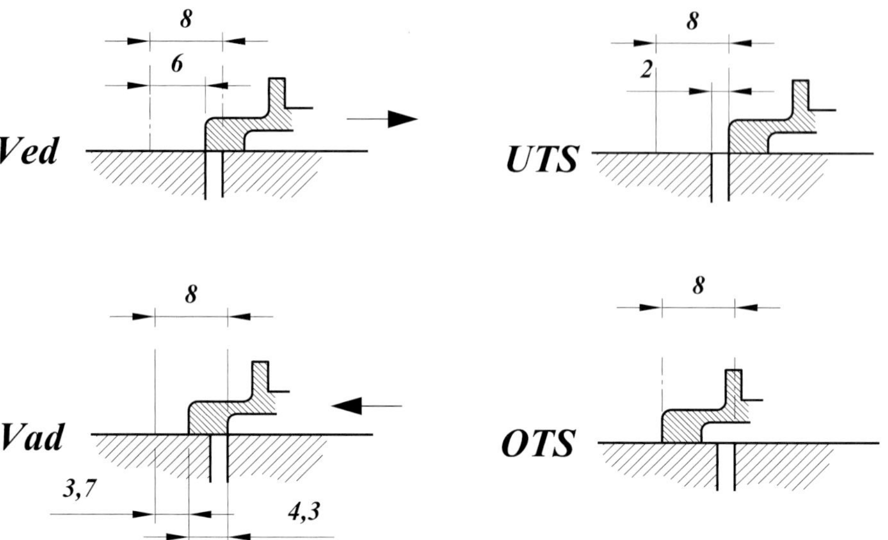

Bild 66: Deckelseitige Schieberabmessungen

Das folgende Bild 67 zeigt, in Anlehnung an die Darstellung des Einströmvorganges, die Exzenterwinkel und Schieberwege während des Ausströmvorgangs.

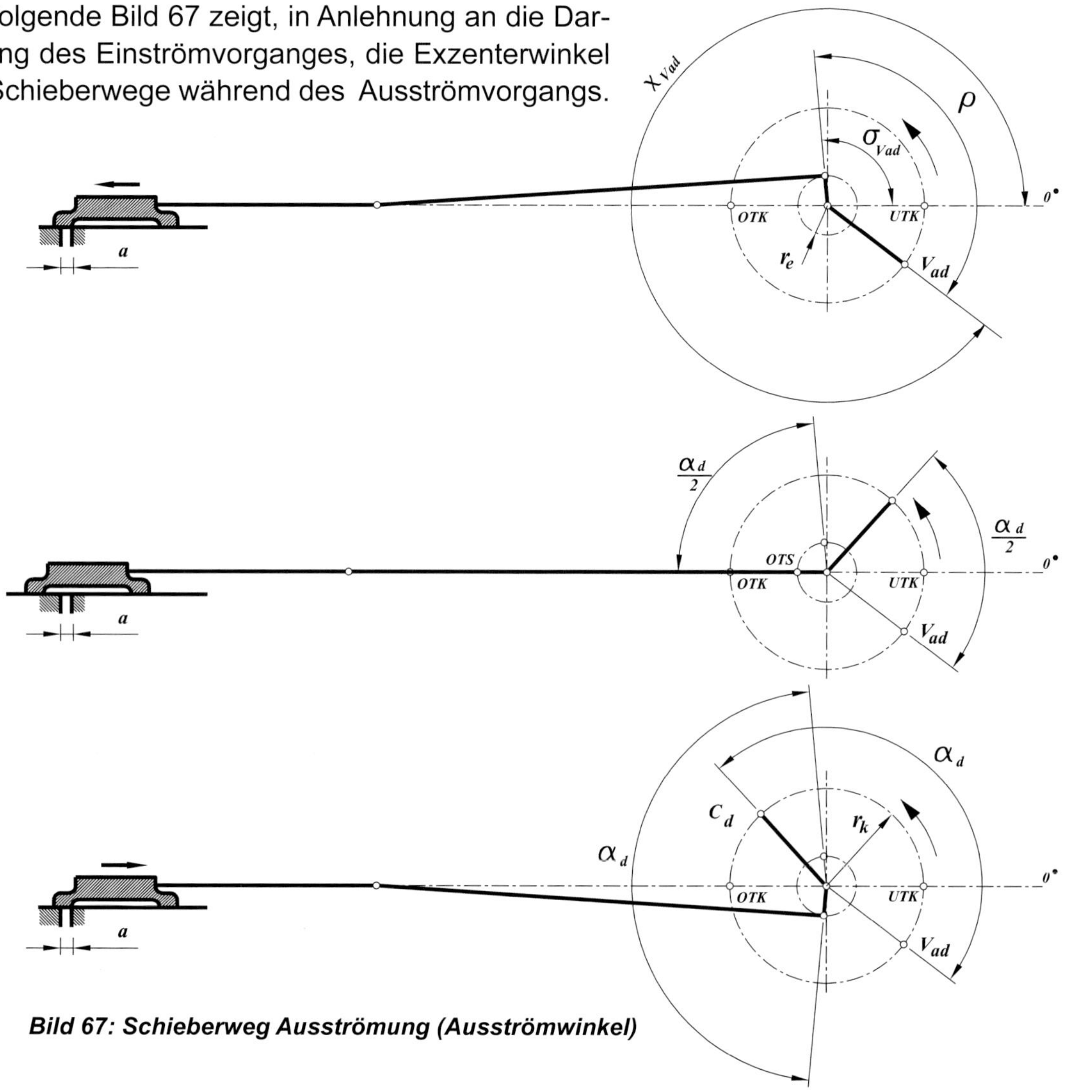

Bild 67: Schieberweg Ausströmung (Ausströmwinkel)

3.3 Kurbelseitige Steuerpunkte

Da sowohl der kurbelseitige Voreinströmpunkt auf 1,5 % des Kolbenwegs vor dem unteren Totpunkt, als auch der kurbelseitige Vorausströmpunkt auf 8 % des Kolbenwegs vor dem oberen Totpunkt liegt, betragen die deckelseitigen Kolbenwege:

$$s_{Vek} = hk - \frac{hk}{100} \cdot v_{e\%} = 28 - \frac{28}{100} \cdot 1{,}5 = \underline{\underline{27{,}58\,mm}}$$ von OTK aus gemessen

$$s_{Vak} = \frac{hk}{100} \cdot v_{a\%} = \frac{28}{100} \cdot 8 = \underline{\underline{2{,}24\,mm}}$$ von OTK aus gemessen

Mit diesen Kolbenwegen können die zugehörigen Kurbelwinkel ermittelt werden.

Da χ_{Vek} auf dem Kolbenweg von ***OTK*** nach ***UTK*** liegt, wird:

$$\chi_{Vek} = 180° + \arccos\left(\frac{r_k^2 + (r_k + l_p - s_{ved})^2 - l_p^2}{2 \cdot r_k \cdot (r_k + l_p - s_{ved})}\right)$$

$$\chi_{Vek} = 180° + \arccos\left(\frac{14^2 + (14 + 60 - 27{,}58)^2 - 60^2}{2 \cdot 14 \cdot (14 + 60 - 25{,}78)}\right) = \underline{\underline{343{,}964°}}$$

und χ_{Vak} auf dem Kolbenweg von ***UTK*** nach ***OTK*** liegt, wird:

$$\chi_{Vak} = 180° - \arccos\left(\frac{r_k^2 + (r_k + l_p - s_{vak})^2 - l_p^2}{2 \cdot r_k \cdot (r_k + l_p - s_{vak})}\right)$$

$$\chi_{Vak} = 180\,° - \arccos\left(\frac{14^2 + (14 + 60 - 2{,}24)^2 - 60^2}{2 \cdot 14 \cdot (14 + 60 - 2{,}24)}\right) = \underline{\underline{150{,}31\,°}}$$

Wenn Kurbel und Exzenter winkelsynchron umlaufen, bleiben natürlich die Schiebertotpunkte auch für die kurbelseitigen Steuerpunkte erhalten.

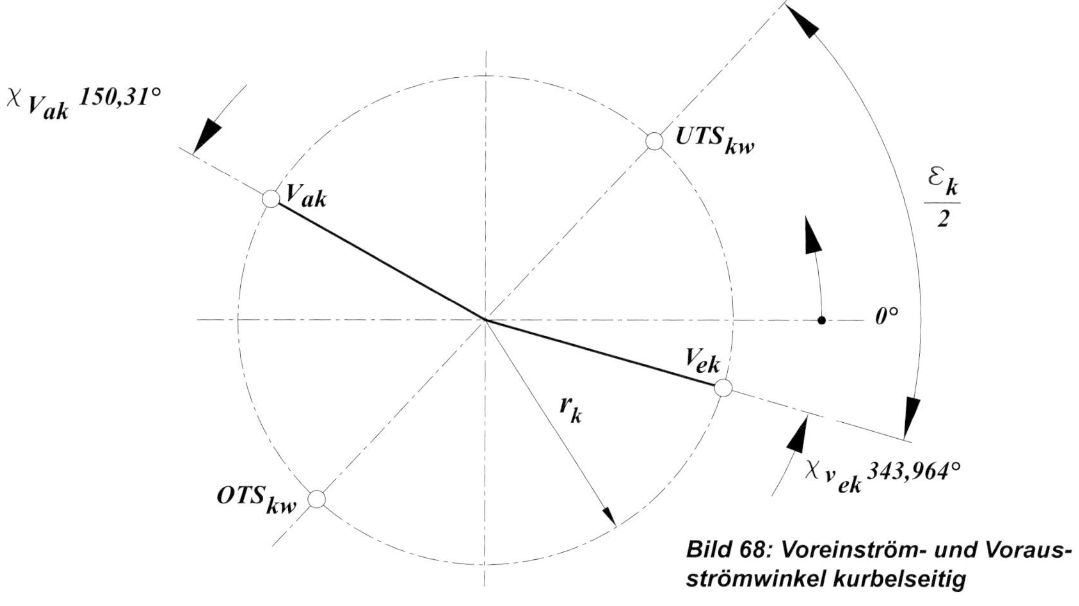

Bild 68: Voreinström- und Vorausströmwinkel kurbelseitig

Mit χ_{Vek} = 150,31° und ρ = 132,853° wird der zugehörige Exzenterwinkel σ_{Vek} im Punkt der Vorausströmung (Bild 69):

$$\sigma_{Vak} = \chi_{Vak} + \rho = 150{,}31° + 132{,}853° = \underline{\underline{283{,}163°}}$$

Bild 72: Schieber im Punkt der Vorausströmung

$$s_{sVak} = r_e \cdot (1 + \cos(\sigma_{Vak})) + l_s \cdot \left(1 - \sqrt{1 - \left(\frac{r_e}{l_s} \cdot \sin(\sigma_{Vak})\right)^2}\right)$$

$$s_{sVak} = 4 \cdot (1 + \cos(283{,}163°)) + 80 \cdot \left(1 - \sqrt{1 - \left(\frac{4}{80} \cdot \sin(283{,}163°)\right)^2}\right) = \underline{\underline{5{,}006\,mm}}$$

gerundet $s_{sVak} = \underline{\underline{5\ mm}}$

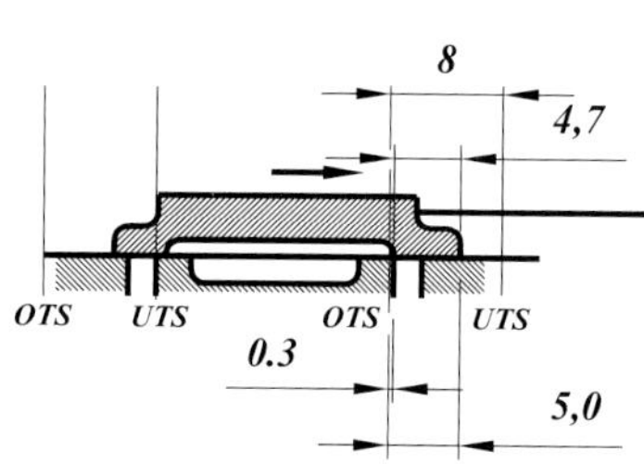

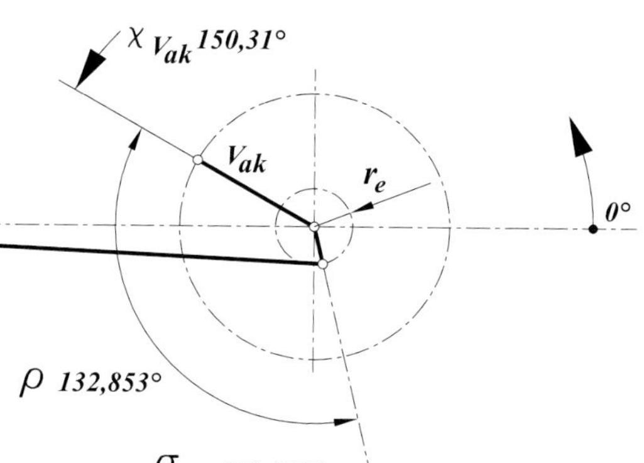

Bild 73: Bestimmung der Schieberlappenlänge kurbelseitig

Aus Bild 73 geht hervor, dass mit dem berechneten Schieberweg im Punkt der Vorausströmung und dem durch den unteren Schiebertotpunkt bedingten Überfahrweg von 0,3 mm eine Schieberlappenlänge von 4,7 mm erforderlich wird.

Mit dem konstruktiv vorgegebenen Kanalabstand von 17 mm und den berechneten Schieberwegen kann jetzt der Schieber in seinen Abmaßen endgültig festgelegt werden.

deckelseitige Schieberwege	kurbelseitige Schieberwege
$s_{sVed} = 6\ mm$ →	$s_{sVek} = 2{,}3\ mm$ ←
$s_{sEed} = 6\ mm$ ←	$s_{sEek} = 2{,}3\ mm$ →
$s_{sVad} = 3{,}7 mm$ ←	$s_{sVak} = 5\ mm$ →
$s_{sCd} = 3{,}7\ mm$ →	$s_{sCk} = 5\ mm$ ←

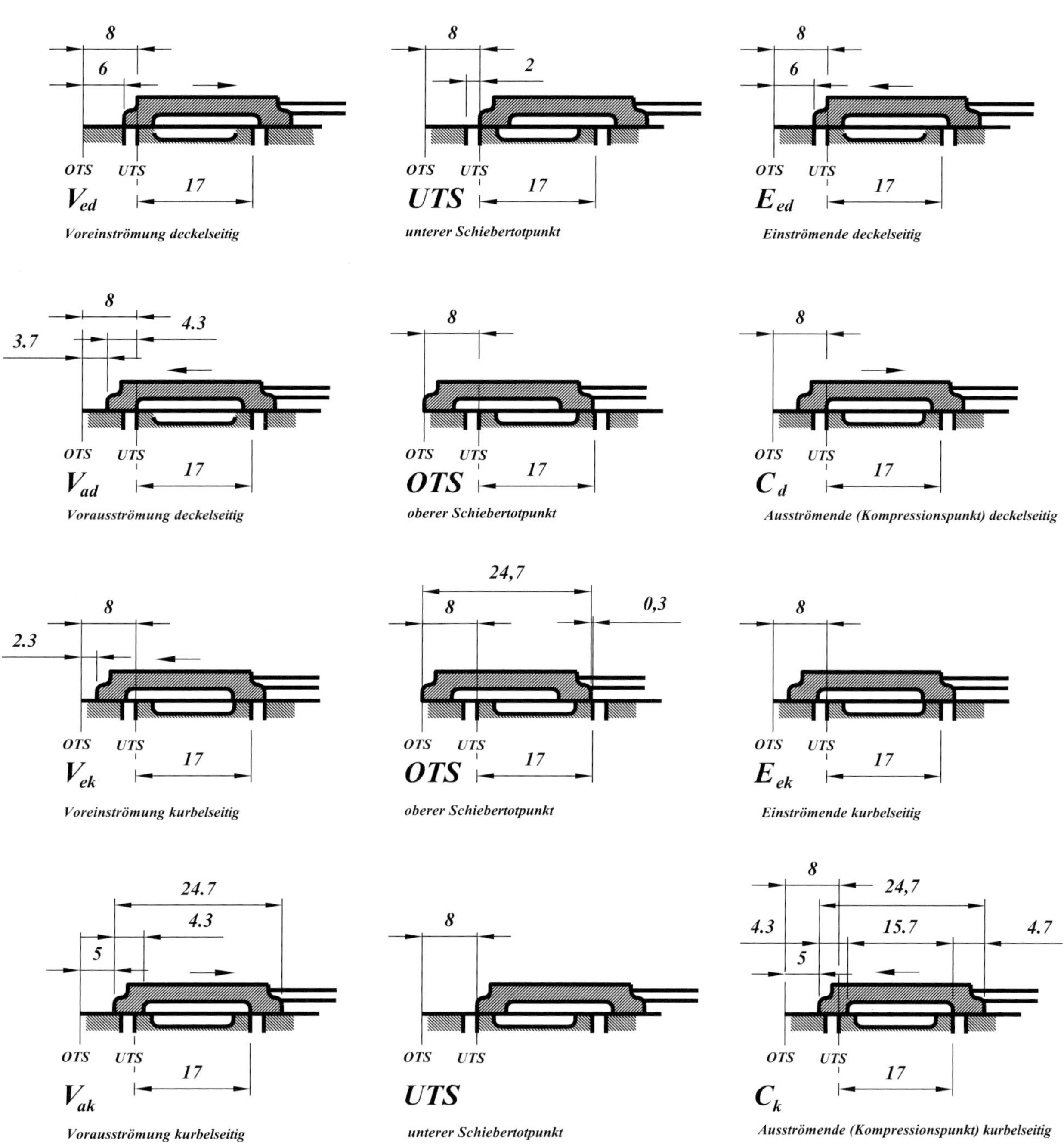

Bild 74: Schieberabmessungen in den deckel- und kurbelseitigen Steuerpunkten

4. Die Schieberdiagramme

Wem der Aufwand einer Berechnung nach Kapitel 3 zu groß ist, kann natürlich die grafischen Möglichkeiten der Schieberbestimmungen nach den bekannten Diagrammen von Reuleaux-Müller oder Zeuner nutzen.

Auch bei dieser Methode ist die Kenntnis der Steuerpunkte, bezogen auf den Kolbenweg, oder ein entsprechendes Dampfdruckdiagramm erforderlich.

Aber Vorsicht, geht man vom Dampfdruckdiagramm aus, müssen die dort vorgegebenen Steuerpunkte den Symmetriebedingungen eines gemeinsam mit der Kurbel umlaufenden Exzenters entsprechen. Beide Diagrammtypen (Reuleaux-Müller und Zeuner) zeigen aber eine ggf. von dieser Symmetriebedingung abweichende Lage sofort auf und zwingen bei der Anwendung zur Richtigstellung.

Auch hier muss ich darauf hinweisen, dass die gewählten Darstellungen sich von der allgemein üblichen Art unterscheiden. In Anlehnung an den Berechnungsvorgang im Kapitel 3 wollte ich vermeiden, von der bisher benutzten Vorgehensweise abzuweichen und die Regeln der Trigonometrie (Kurbel linksdrehend mit Mittelpunkt im Ursprung des Einheitskreises) weiterhin anwenden.

Das hat natürlich die Konsequenz, dass sich die Lage der Schiebermittellinie im Diagramm ändert, was aber bei konsequenter Anwendung der gewählten Vorgaben zu identischer Schieberauslegung führt.

In Bild 75 sind die wesentlichen Unterschiede zwischen der klassischen und der von mir gewählten Darstellung zu erkennen.

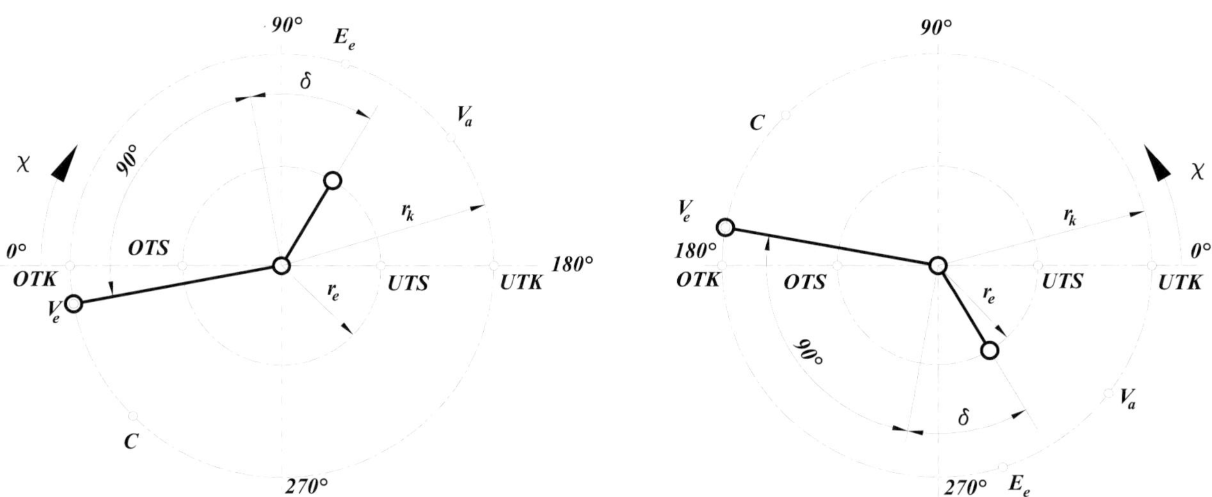

Bild 75: Klassische Darstellung ***Darstellung nach den Regeln der Trigonometrie***

Im Wesentlichen sind zwei Unterschiede zu beachten:

1. Der Kurbelwinkel 0° liegt im unteren Totpunkt des Kolbens ***UTK***.
2. Die Kurbel ist linksdrehend.

Das Dampfdruckdiagramm hingegen bleibt, wegen der Kolbenlage auf der negativen X-Achse, unverändert.

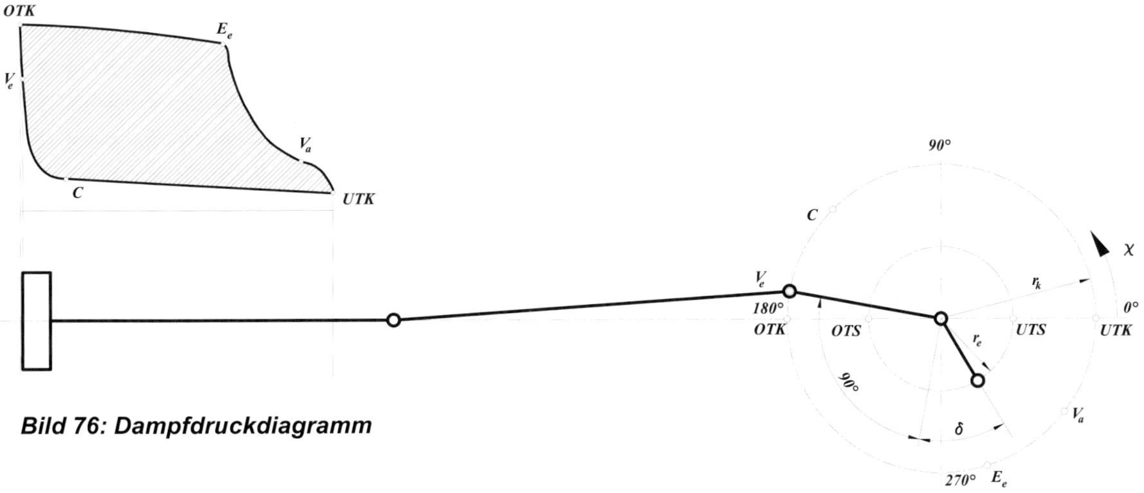

Bild 76: Dampfdruckdiagramm

4.1 Das Schieberdiagramm nach Reuleaux-Müller

Dieses häufig benutzte Schieberdiagramm stellt eine der zeichnerischen Alternativen zur Berechnung dar. Durch Projektion der Steuerpunkte des Dampfdruckdiagramms auf den Kurbelkreis kann der Berechnungsvorgang umgangen werden. Will man jedoch ein präzises Ergebnis erhalten, ist sauberes Zeichnen und strikte Einhaltung eines möglichst großen Maßstabs zwingend. Die entstehende Diagrammzeichnung kommt den im Berechnungsvorgang erarbeiteten Werten sehr nahe, bleibt aber in Sachen Genauigkeit hinter diesen zurück.

Der Grund hierfür liegt nicht nur in den zeichnungsbedingten Ungenauigkeiten, sondern auch in der Unterdrückung des Fehlergliedes durch die Annahme einer unendlich langen Kurbelstange.

Vorteilhaft hingegen ist, dass durch diese Annahme einer unendlich langen Kurbelstange die im Dampfdruckdiagramm eingetragenen Kolbenwege unmittelbar auf den Kurbelkreis projiziert werden können (Bild 77).

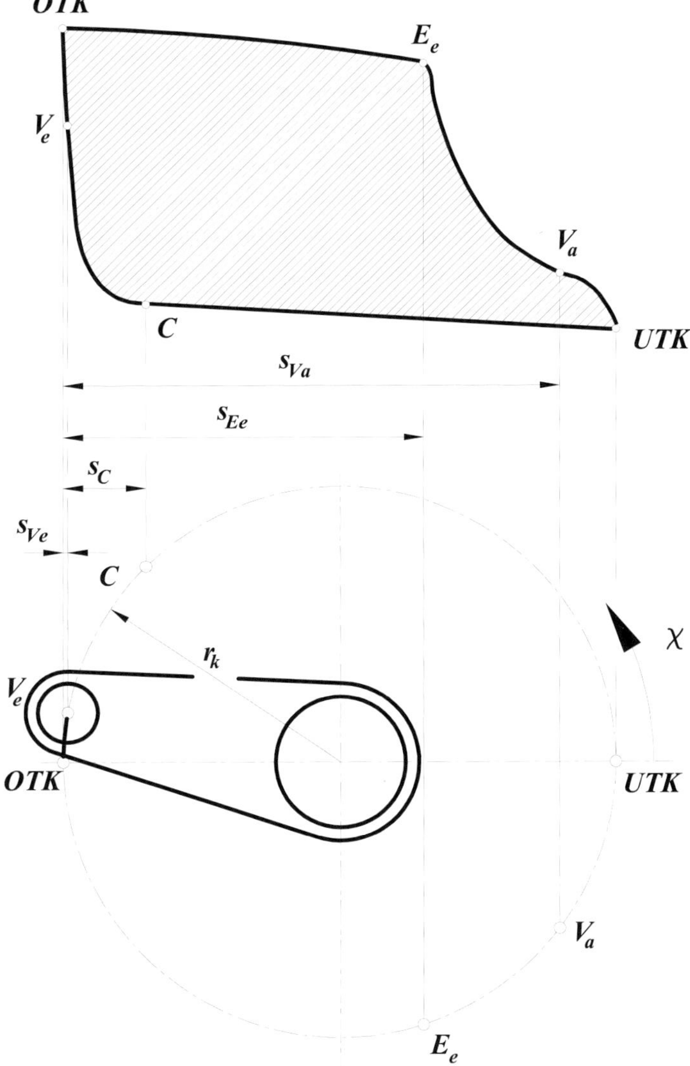

Bild 77: Auf den Kurbelkreis projizierte Kolbenwege

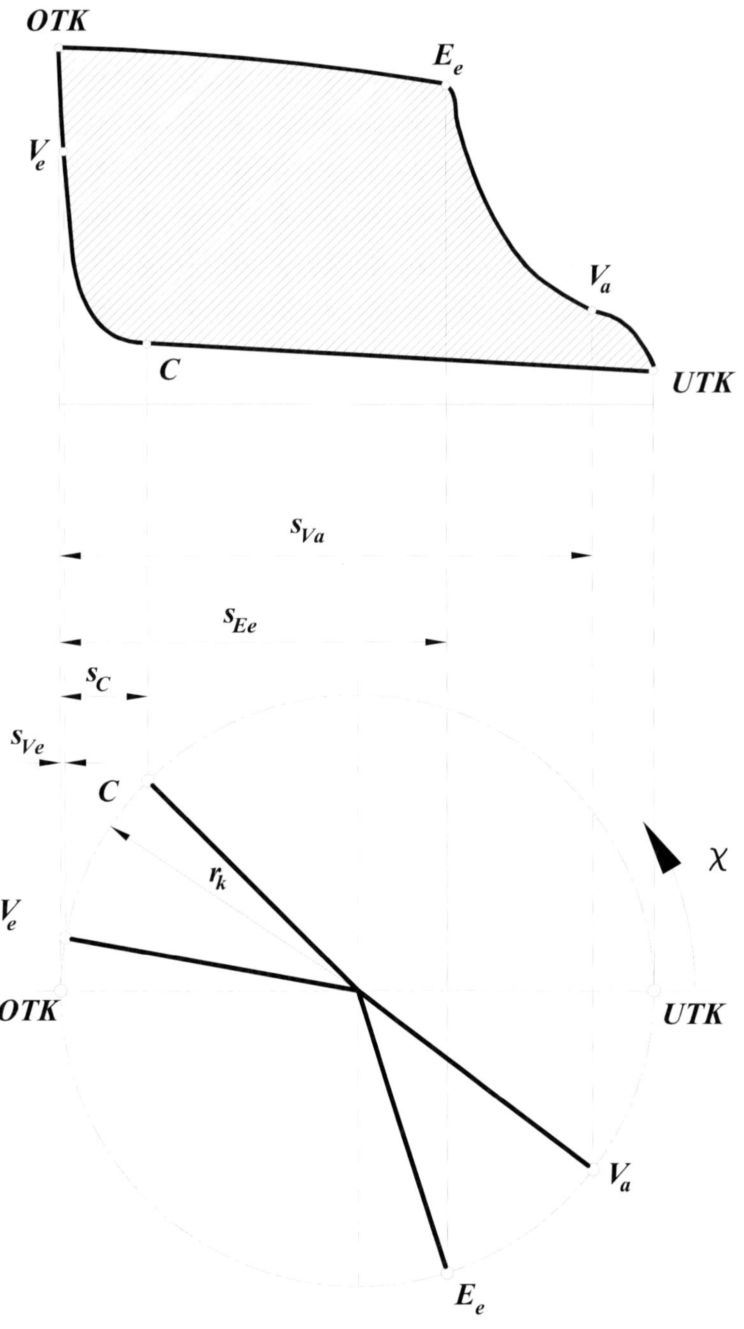

Bild 78: Kurbelwinkel aus Kolbenweg

Verbindet man die gefundenen Steuerpunkte auf dem Kurbelkreis mit der Kurbelmitte, können die Kurbelwinkel χ der einzelnen Steuerpunkte unmittelbar im Diagramm abgelesen werden (Bild 78).

Ein weiterer Trick liegt in der Annahme, dass Kurbel- und Exzenterkreis in diesem Diagramm deckungsgleich sind. Um die hieraus entstehenden zeichnerischen Größen wieder in reale Maße umrechnen zu können, wird ein weiterer, aus dem Verhältnis von Exzenterradius r_e zu Kurbelradius r_k ermittelter, Maßstabfaktor benötigt.

$$M_{\text{Reuleaux}} = \frac{r_e}{r_k}$$

Worin der Vorteil dieses Vorgehens liegt, wird schnell klar, wenn wir die in Bild 79 schraffiert dargestellten Flächen genauer betrachten.

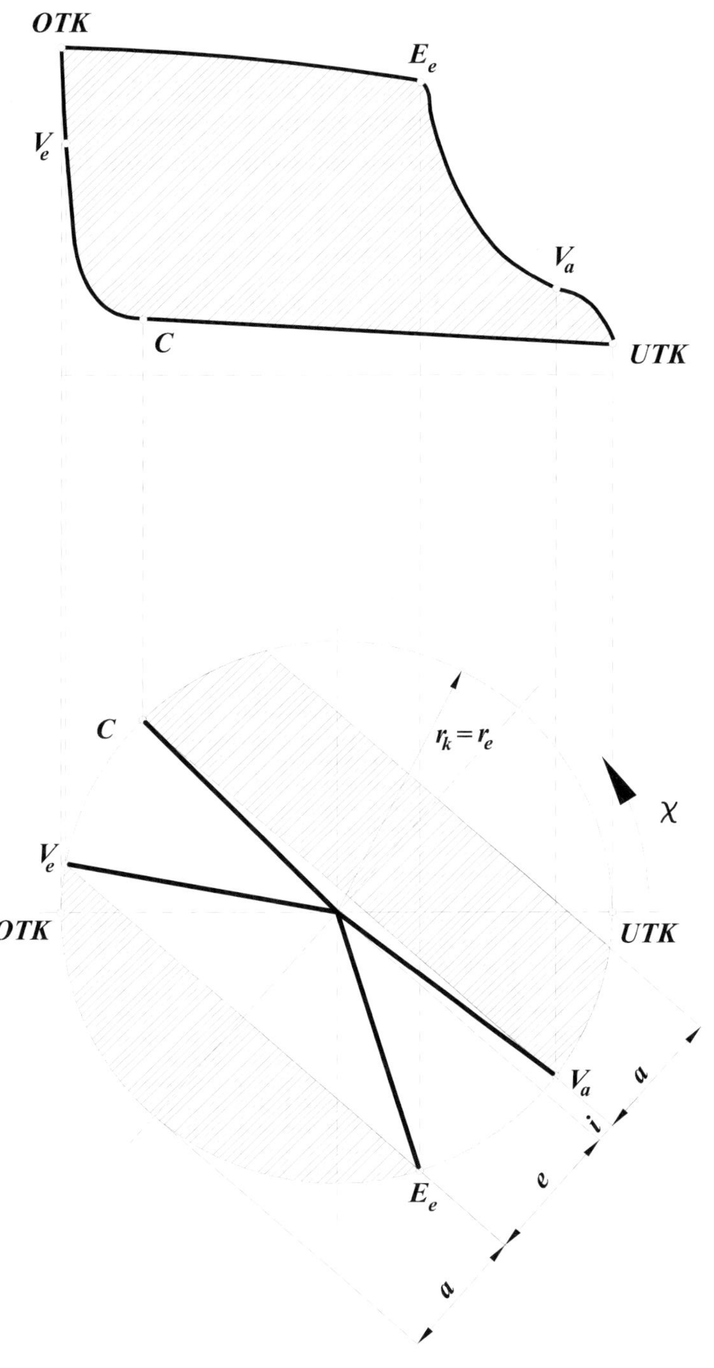

Bild 79: Reuleaux-Diagramm

So wie beim Kurbelkreis von den Kolbenwegen auf die Kurbelwinkel geschlossen werden konnte, kann, unter Annahme unendlich langer Exzenterstangen, nun auch von den Kurbelwinkeln auf den Schieberweg geschlossen werden. Wenn der Schieber während der Einströmung den Kanal vollständig öffnen soll, muss die Sehnenhöhe über dem Einströmwinkel (in Kurbeldrehrichtung von V_e bis E_e) der Kanalbreite a entsprechen. Mehr noch, denn der Weg, den der Schieber aus der Mittelstellung bis zum Öffnen des Kanals zurücklegen muss, legt die Größe der äußeren Überdeckung e (Abstand von der Sehne bis zum Mittelpunkt) fest. Gleiches gilt natürlich auch für die Ausströmung und die innere Überdeckung i, wobei in unserem speziellen Fall (bei der Ausströmung) der Schieber die Kanalöffnung stark überfährt.

Die aus dem Diagramm gemessenen Werte werden mit beiden Maßstabfaktoren M und $M_{Reuleaux}$ an die realen Werte angepasst und können so zur Schieberauslegung genutzt werden.

$$\overline{OF} = re \cdot \cos \sigma_2$$

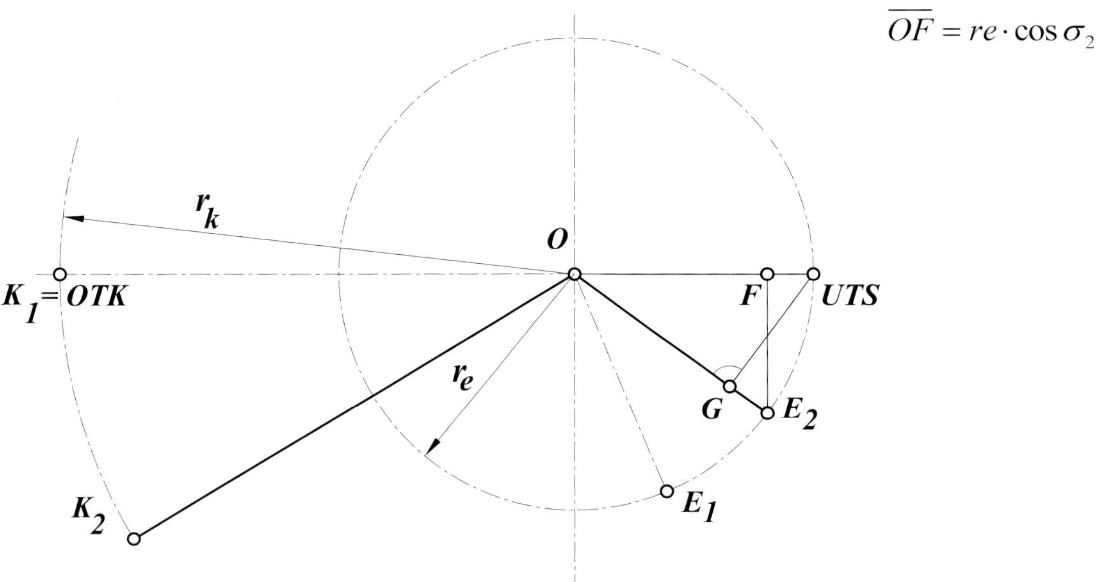

Bild 84: Erzeugung identischer Dreiecke im Exzenterkreis

Die Besonderheit hierbei ist, dass aufgrund des rechten Winkels im Punkt ***G*** die Punkte ***O, G*** und ***UTS*** durch einen Kreis mit dem Durchmesser des Exzenterradius r_e verbunden werden können (Satz des Thales).

Hierdurch entspricht die Strecke $\overline{OG}$ des Exzenterradiusstrahls, vom Mittelpunkt ***O*** ausgehend bis zum Schnittpunkt mit dem Kreis des Durchmessers r_e, der Schieberauslenkung aus der Mittelstellung.

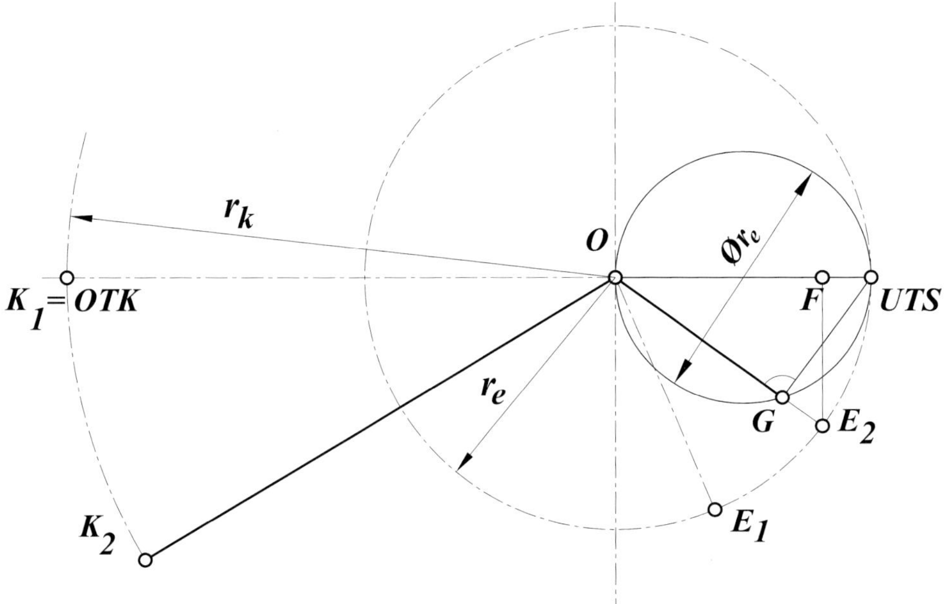

Bild 85: Schieberauslenkung in Abhängigkeit vom Kurbelwinkel

Dies gilt für die Auslenkung nach rechts (positive X-Achse) ebenso wie für die Auslenkung nach links (negative X-Achse).

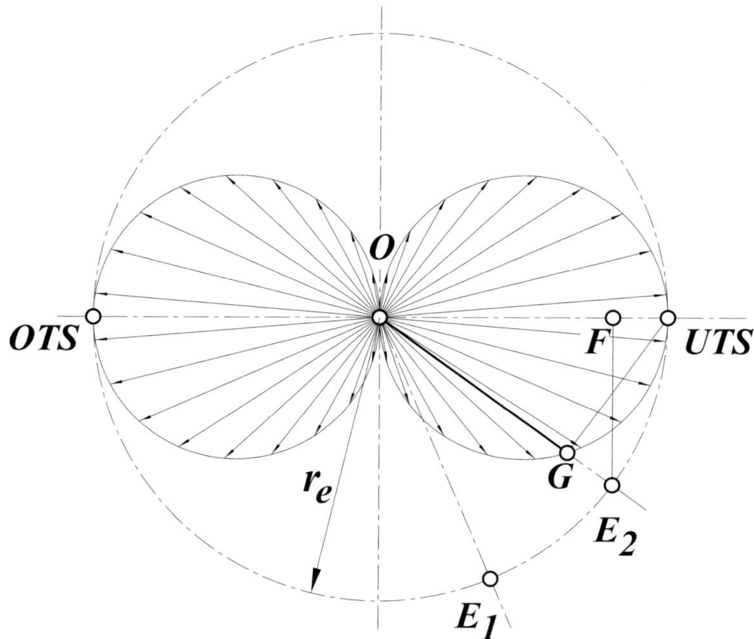

Bild 86: Schieberauslenkung deckel- und kurbelseitig

Um die Lage der Exzentertotpunkte zu den Kurbeltotpunkten zu ermitteln, überträgt man im ersten Schritt die Kolbenwege aus dem Dampfdruckdiagramm auf den Kurbelkreis. Hierzu wird angenommen, dass Exzenter- und Kurbelkreis den gleichen Durchmesser haben.

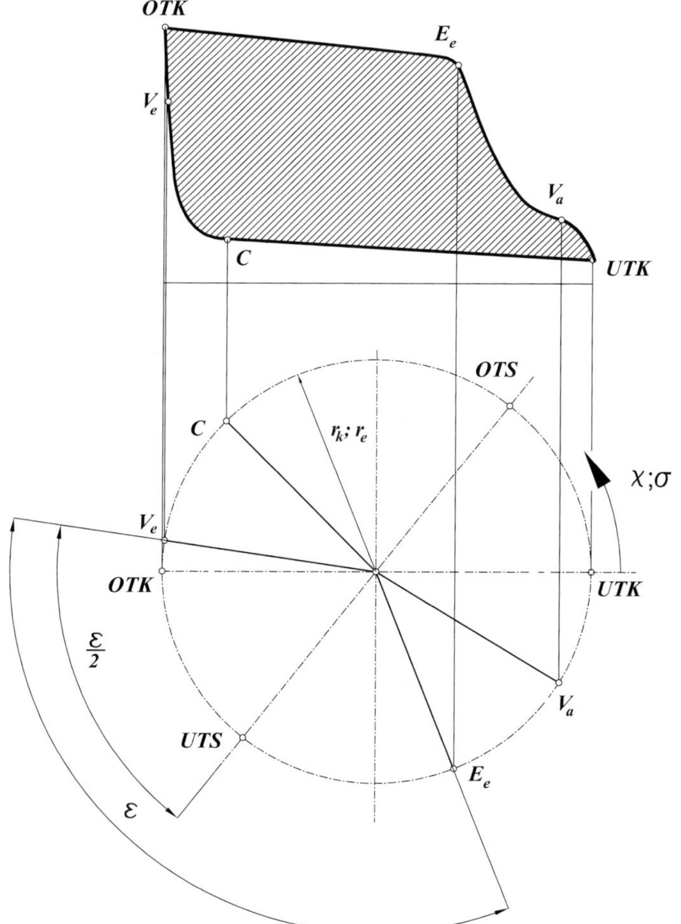

Bild 87: Exzenter- und Schiebertotpunkte

Da der Schieber den Kanal im Punkt V_e öffnet und im Punkt E_e wieder verschließt, muss sein unterer Totpunkt ***(UTS)*** exakt auf dem halben Winkel ***(ε/2)*** zwischen diesen Punkten liegen.

Da uns jedoch nicht nur der absolute Schieberweg aus der Mittelstellung, sondern vielmehr der Weg, um den der Schieber den Kanal in Abhängigkeit vom Kurbelwinkel bzw. Kolbenweg öffnet, interessiert, müssen wir die Betrachtung noch etwas vertiefen.

Genaugenommen wird der Betrag der inneren und äußeren Überdeckung für die Bemessung der Schieberdaten benötigt.

Zu diesem Zweck werden die die Schieberauslenkung kennzeichnenden Thaleskreise auf der Linie ***UTS – OTS*** eingezeichnet.

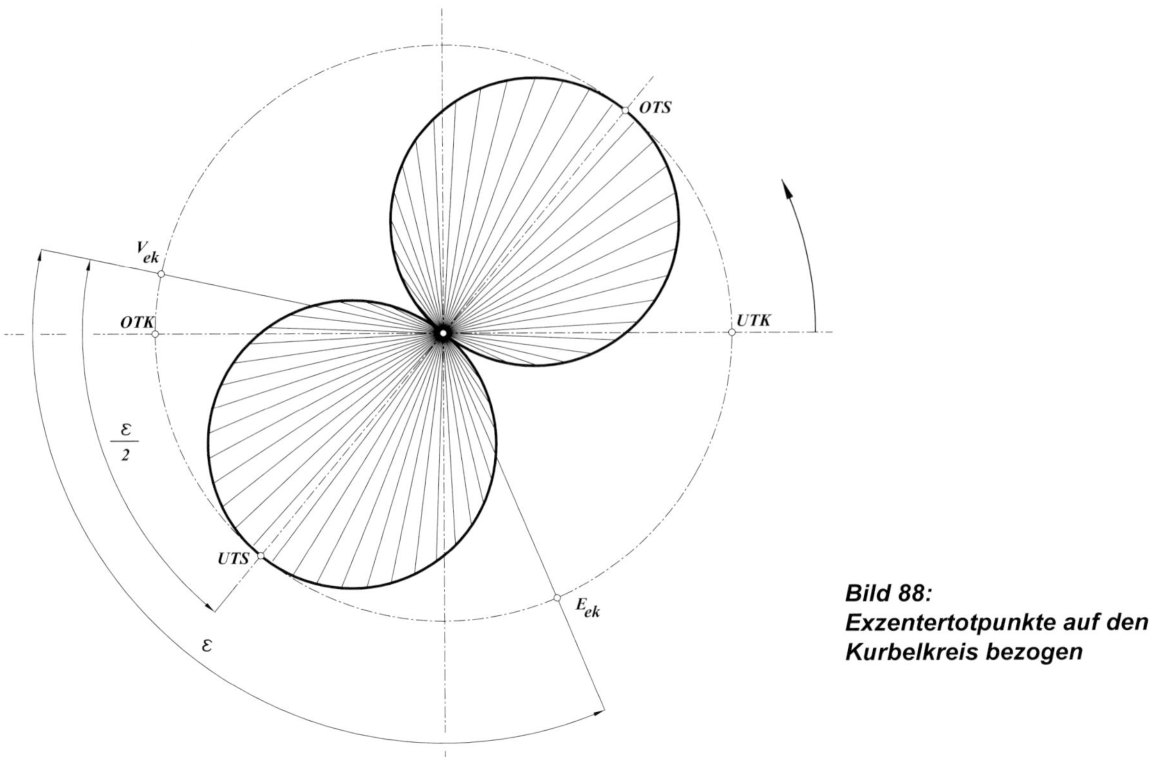

Bild 88:
Exzentertotpunkte auf den Kurbelkreis bezogen

Letztendlich werden nur noch die innere und äußere Überdeckung und die Kanalbreite als Radius um den Mittelpunkt des Kurbelkreises eingetragen, und die verbleibenden Strahlen zeigen den in Abhängigkeit vom Kurbelwinkel entstehenden Öffnungsweg des Kanals.

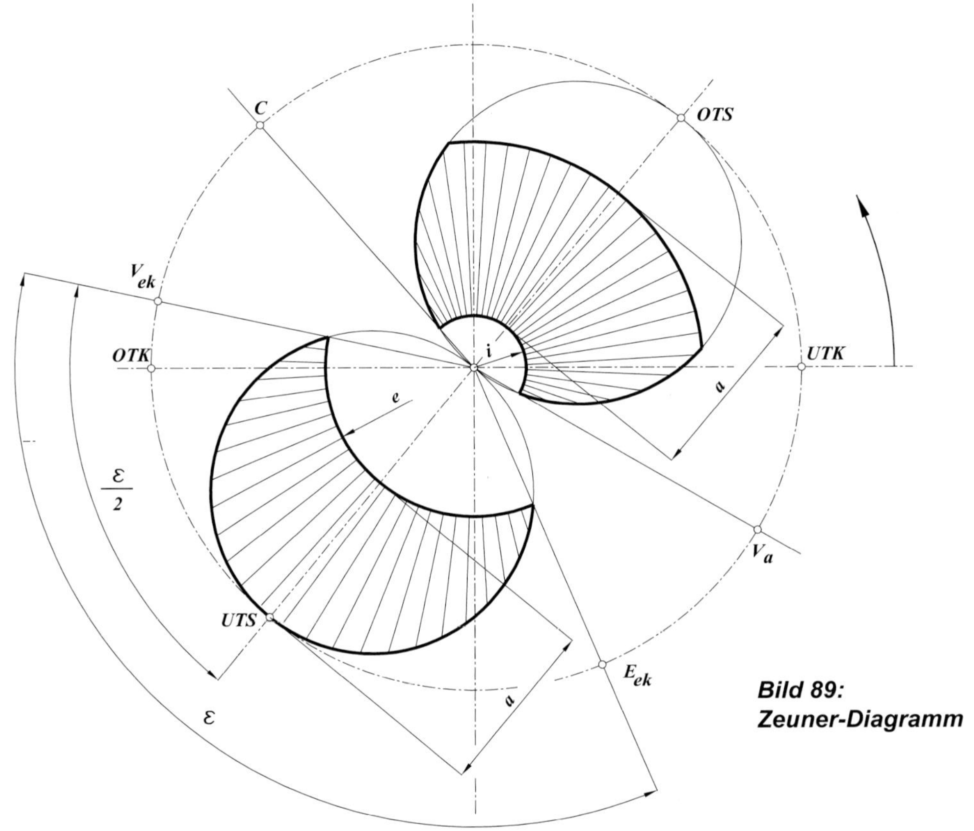

Bild 89:
Zeuner-Diagramm

5. Berechnung der Steuerungsgeometrie von oszillierenden Zylindern

Eigentlich gehört dieser Teil, aus dem Blickwinkel der Modellbauanforderungen, an den Anfang. Da aber eine genaue Analyse der Vorgänge wieder in die Tiefen der Mathematik führt, möchte ich den Lesern, die bis zu diesem Punkt durchgehalten haben, einen tieferen Einblick in die mathematisch-physikalischen Zusammenhänge geben.

Bild 90: Oszillierender Zylinder

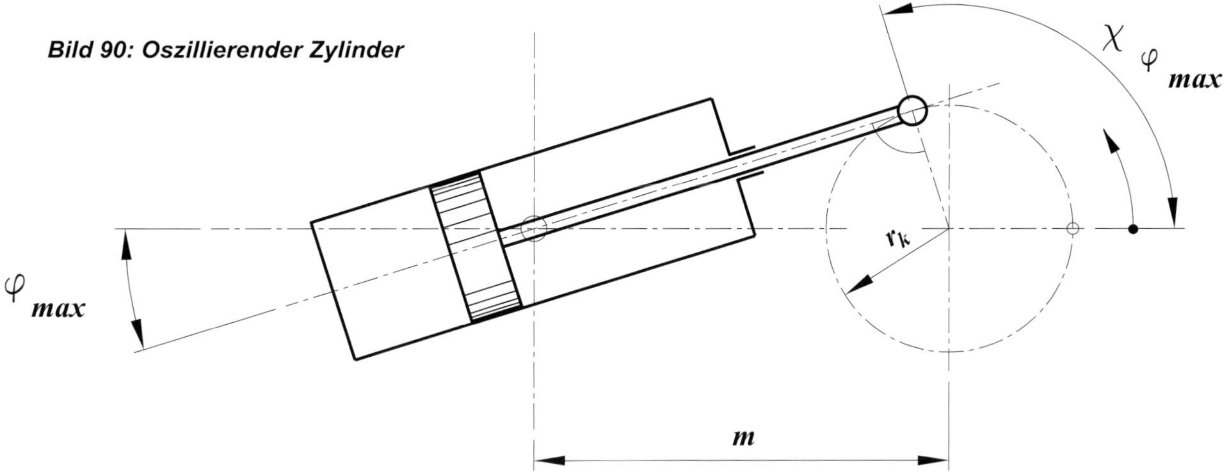

Die unmittelbar auf den Kurbelzapfen wirkende Kolbenstange führt dazu, dass der Zylinder um den im Abstand m von der Kurbelmitte angebrachten Schwenkpunkt um den Winkel φ oszilliert. Dieser Winkel φ erreicht sein Maximum, wenn die Mitte der Kolbenstange den Kurbelradius tangiert. Hieraus folgt:

$$\varphi_{\max} = \arcsin\left(\frac{r_k}{m}\right)$$

Die sich auf dem Radius r_s befindenden Steuerbohrungen im Zylinderspiegel und im Zylinder werden sinnvollerweise so angeordnet, dass sie im Winkel φ_{max} zur vollkommenen Deckung gelangen. Die momentane Bewegungsrichtung des Kolbens bestimmt hierbei, ob es sich um die Ein- oder Ausströmbohrung handelt.

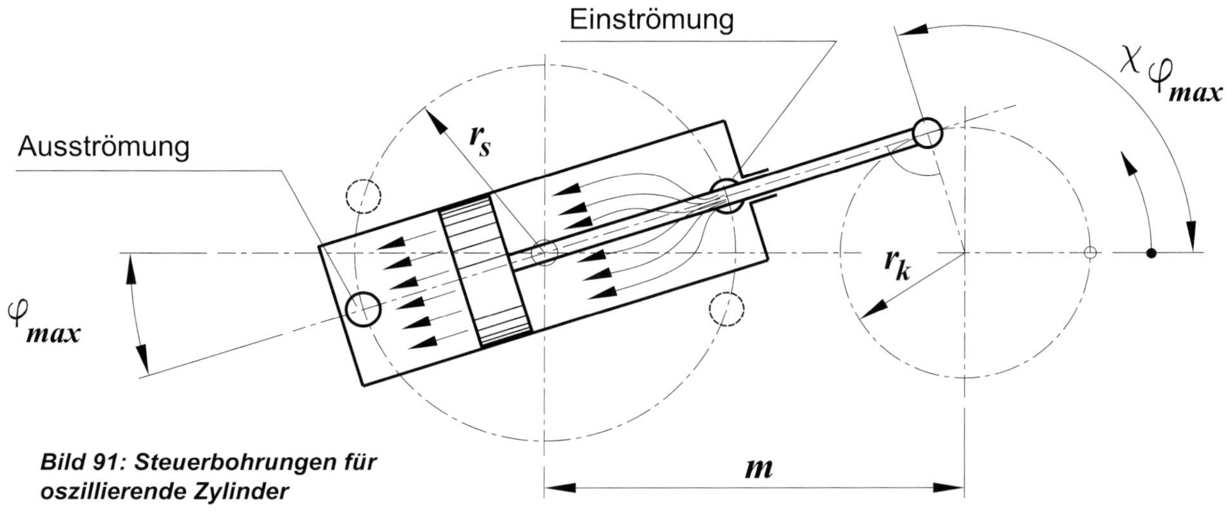

Bild 91: Steuerbohrungen für oszillierende Zylinder

Zur Bestimmung des Kurbel-Ein- und -Ausströmwinkels ist es erforderlich, die Lage der Steuerbohrungen in den Totpunkten zu betrachten.

Zieht man im oberen Totpunkt vom Schwenkpunkt S des Zylinders ausgehend die inneren Tangenten an Zylinder- und Spiegelbohrung, so erhält man den Winkel φ_E , um den sich der Zylinder bis zum Beginn der Einströmung verdrehen muss.

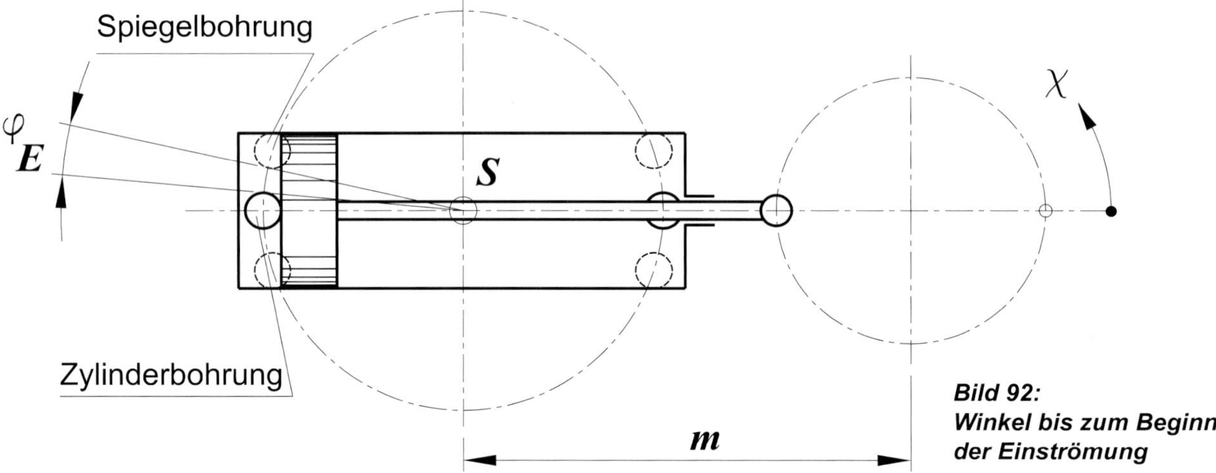

***Bild 92:* Winkel bis zum Beginn der Einströmung**

Trägt man in einem zweiten Schritt vom Schwenkpunkt S diesen Winkel φ_E von der Kolbenstangenmitte in Richtung Kurbelkreis ab, so erhält man zwei Schnittpunkte mit dem Kurbelkreis, die den Kurbelwinkel bei Beginn und Ende der Einströmung markieren und so den Einströmwinkel ε bestimmen.

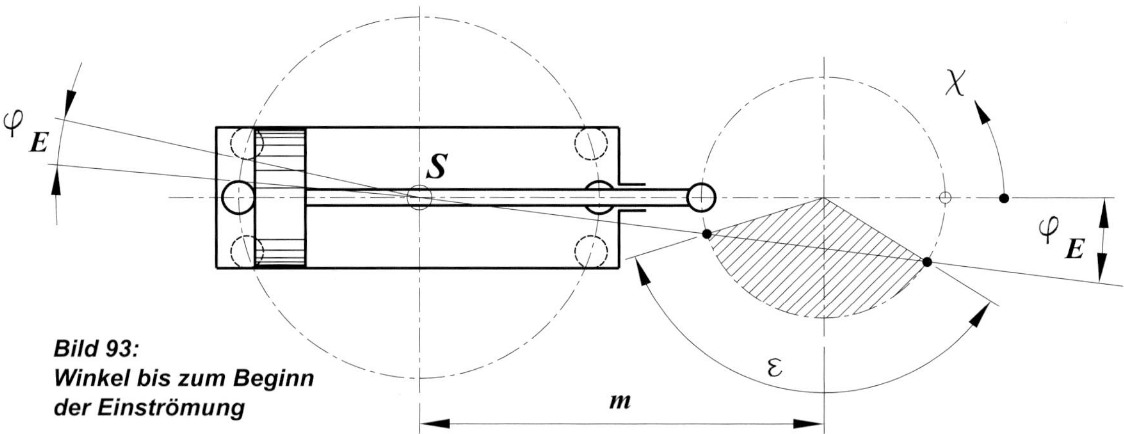

***Bild 93:* Winkel bis zum Beginn der Einströmung**

Will man die zeichnerische Lösung durch eine Berechnung ersetzen, muss man etwas tiefer in die Geometrie und Trigonometrie einsteigen.

Hierbei steht zunächst die Berechnung des Winkels φ_E an.

Hierfür setzen wir voraus, dass Zylinder- und Spiegelbohrung den gleichen Durchmesser haben und sich beide auf dem Steuerungsradius r_s befinden. Mit bekanntem Winkel φ_{max}, Mittenabstand m und bekanntem Kurbelradius r_k ist es möglich, einen Berechnungsansatz zu entwickeln.

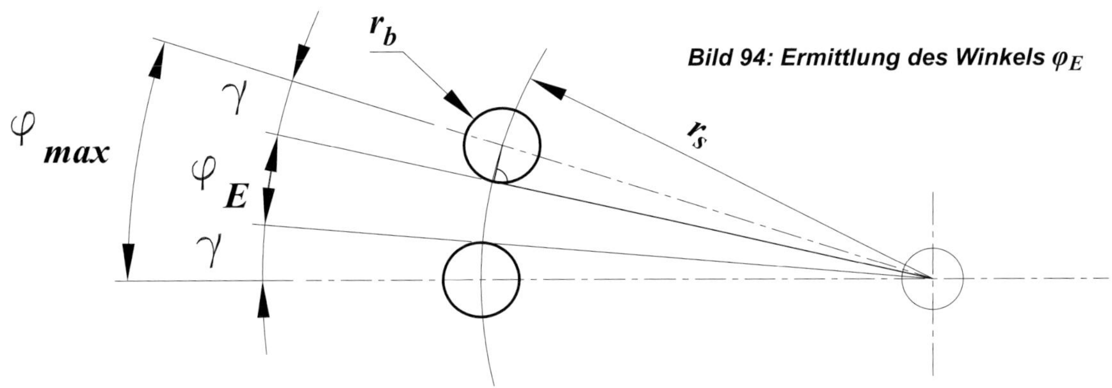

Bild 94: Ermittlung des Winkels φ_E

Der Winkel φ_E bestimmt sich aus:

$$\varphi_E = \varphi_{\max} - 2 \cdot \gamma$$

mit $\varphi_{\max} = \arcsin\left(\frac{r_k}{m}\right)$ und $\gamma = \arcsin\left(\frac{r_b}{r_s}\right)$ wird hieraus:

$$\varphi_E = \arcsin\left(\frac{r_k}{m}\right) - 2 \cdot \arcsin\left(\frac{r_b}{r_s}\right)$$

Mit bekannten φ_E kann entsprechend Bild 95 ein Dreieck berechnet werden, das uns den Wert der halben Sehnenlänge der unter φ_E abgetragenen Schnittlinie mit dem Kurbelkreis liefert.

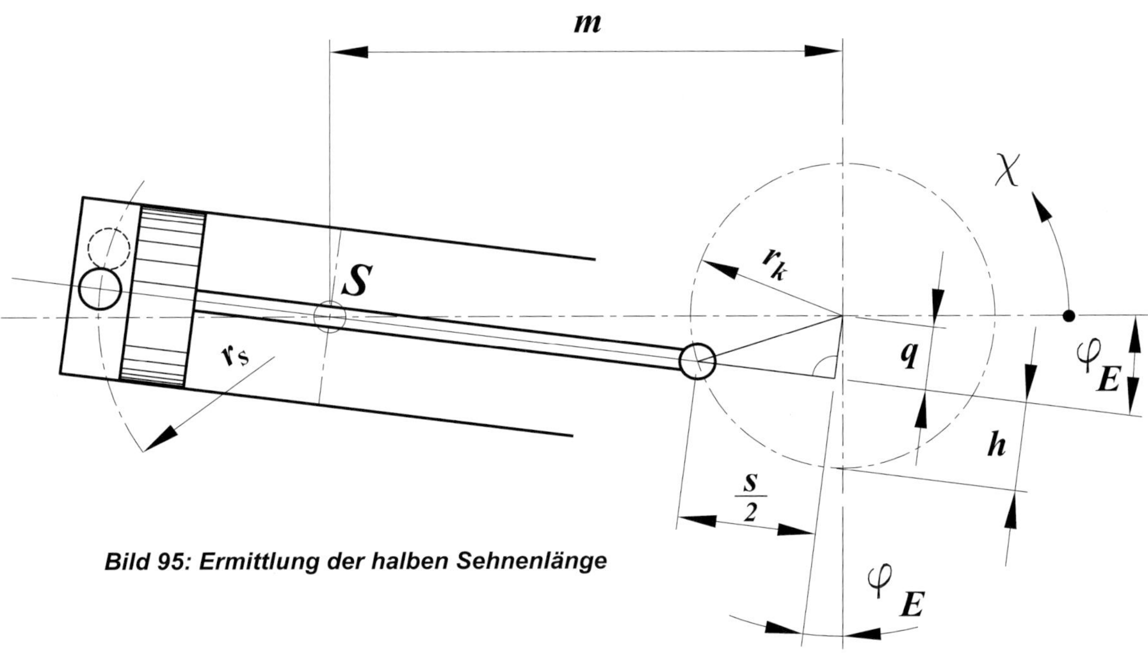

Bild 95: Ermittlung der halben Sehnenlänge

Setzt man für

$$q = m \cdot \sin \varphi_E$$

und

$$\frac{s}{2} = \sqrt{r_k^2 - (m \cdot \sin \varphi_E)^2}$$

ein, lautet die Formel für die den Kurbelkreis schneidende Sehnenlänge:

$$s = 2 \cdot \sqrt{r_k^2 - (m \cdot \sin \varphi_E)^2}$$

Zur Anwendung der bekannten Formel $h = \frac{s}{2} \cdot \tan \frac{\varepsilon}{4}$ fehlt uns jetzt nur noch die Sehnenhöhe ***h***.

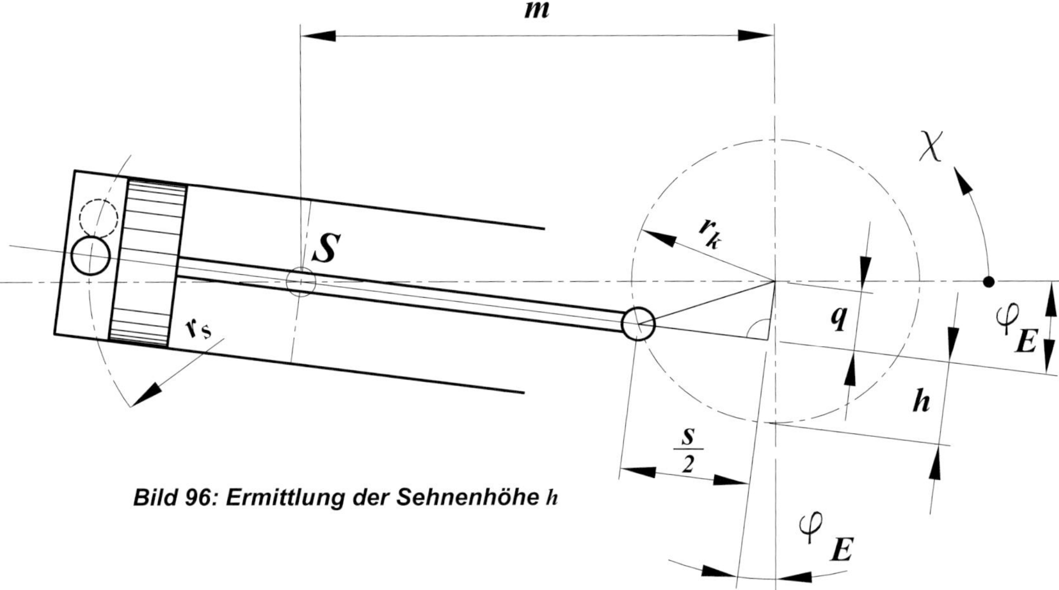

Bild 96: Ermittlung der Sehnenhöhe h

Wie aus Bild 96 leicht zu ersehen ist, beträgt die Sehnenhöhe

$h = r_k - q$ und mit ....

$$r_k - m \cdot \sin \varphi_E = \frac{s}{2} \cdot \tan \frac{\varepsilon}{4}$$

Da $\frac{s}{2} = \sqrt{r_k^2 - q^2}$ bzw. $\frac{s}{2} = \sqrt{r_k^2 - (m \cdot \sin \varphi_E)^2}$ ist, wird hieraus

$r_k - m \cdot \sin \varphi_E = \sqrt{r_k^2 - (m \cdot \sin \varphi_E)^2} \cdot \tan \frac{\varepsilon}{4}$ Diese Formel nach $\tan \frac{\varepsilon}{4}$ umgestellt ergibt:

$\tan \frac{\varepsilon}{4} = \frac{r_k - m \cdot \sin \varphi_E}{\sqrt{r_k^2 - (m \cdot \sin \varphi_E)^2}}$ woraus folgt:

$$\varepsilon = 4 \cdot \arctan\left(\frac{r_k - m \cdot \sin \varphi_E}{\sqrt{r_k^2 - (m \cdot \sin \varphi_E)^2}} \right)$$

Im folgenden Diagramm sind die über eine Kurbeldrehung entstehenden Winkel und Strömungsquerschnitte grafisch aufgetragen.

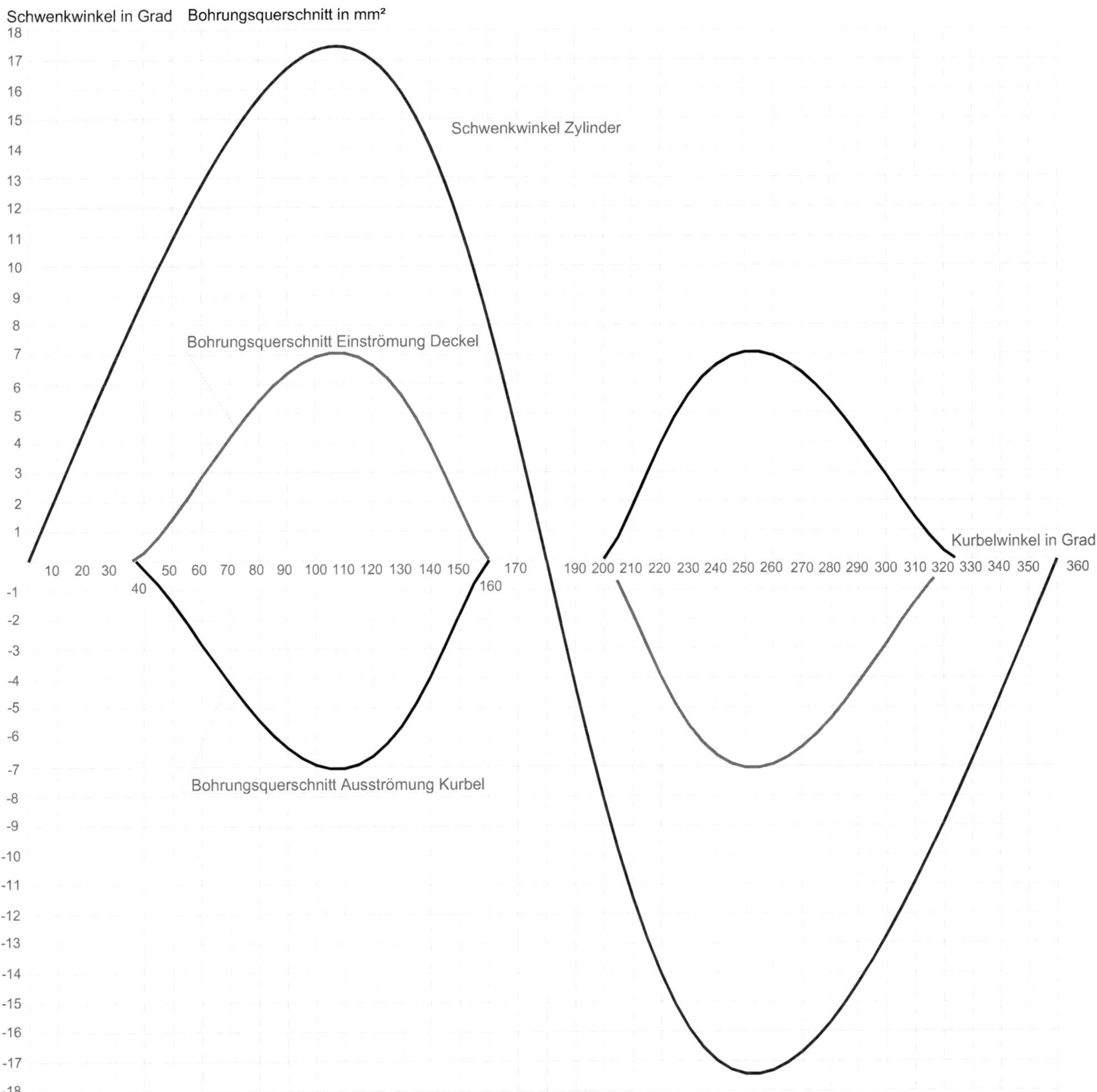

Bild 97: Zusammenhänge Schwenkwinkel und Querschnitt

6. Baubeschreibung einer stehenden Modelldampfmaschine nach dem Berechnungsbeispiel im Kapitel 3

Zur Prüfung der Berechnungswerte wurde eine Modelldampfmaschine gebaut, bei der die in den vorhergehenden Kapiteln ermittelten Abmessungen umgesetzt wurden.

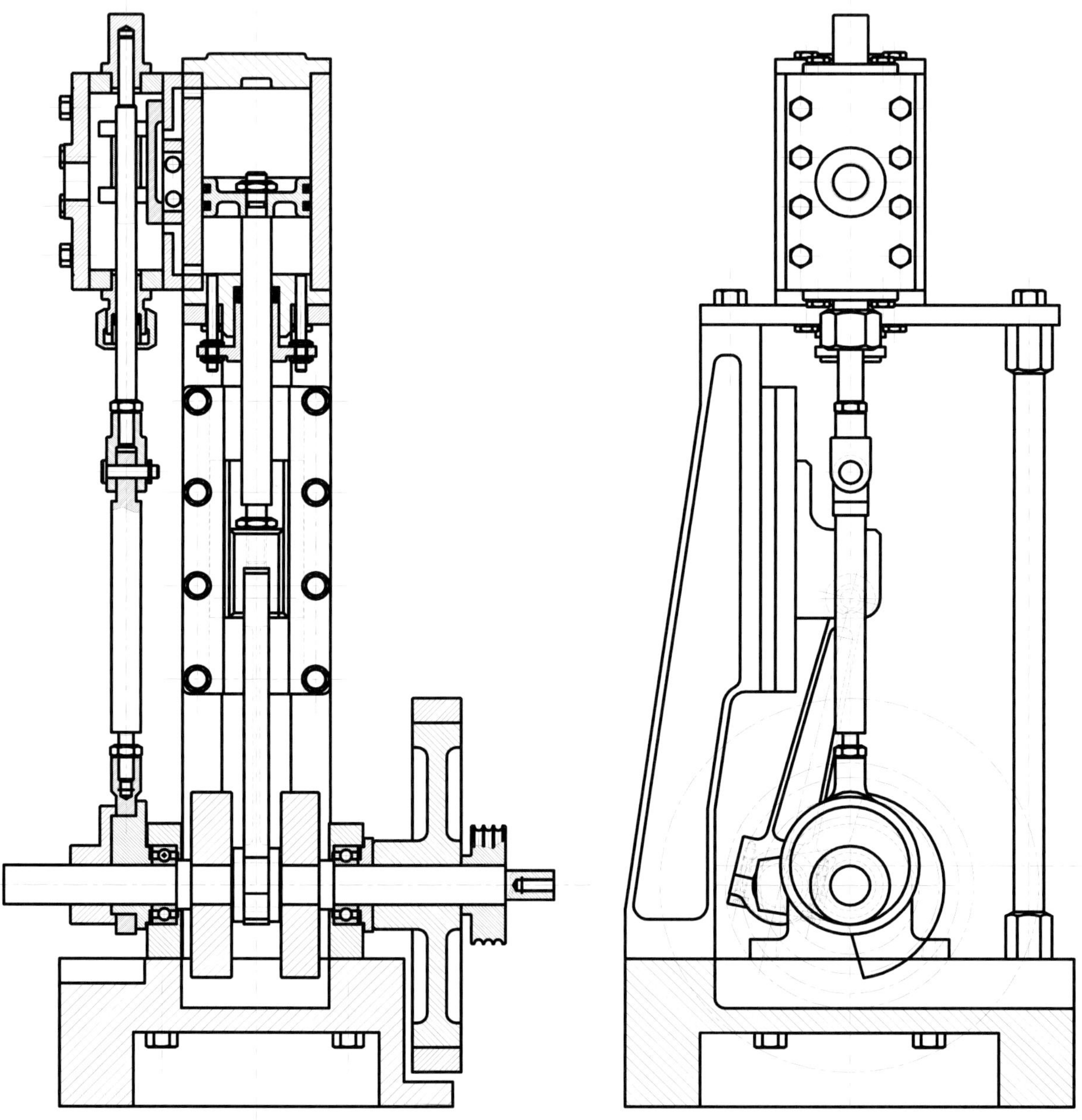

Bild 98

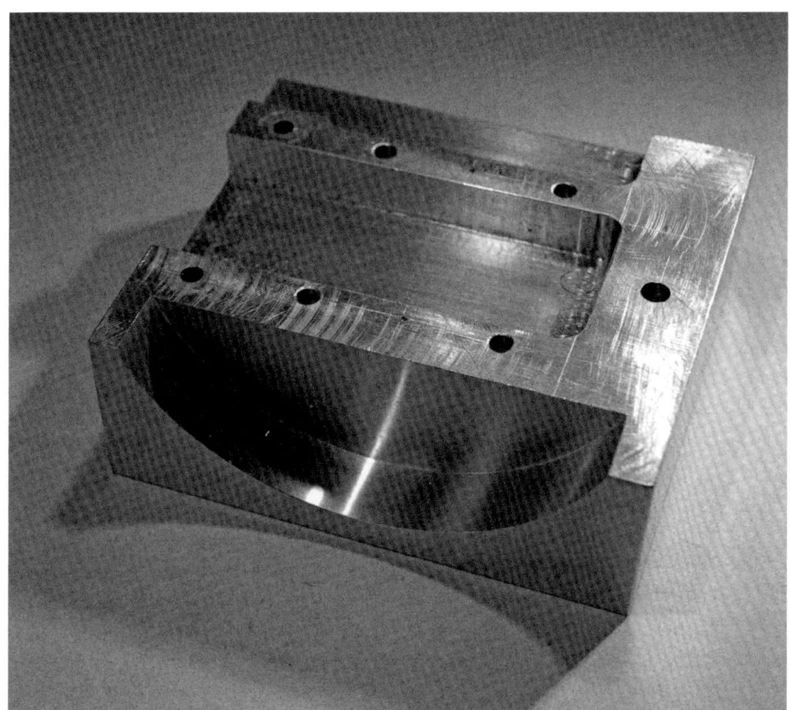

Begonnen wurde mit der konventionell gefrästen Aluminium-Grundplatte aus Al Mg Si 0,5 der Festigkeit F22. Die Aussparungen auf Montage- und Rückseite wurden mit einem Schaftfräser hergestellt. Die halbkreisförmige Ausarbeitung für das Schwungrad hingegen wurde nach dem Umspannen mit einem Scheibenfräser erstellt.

Bei dieser Maschine sollte wieder eine zusammengesetzte, kugelgelagerte Kurbelwelle Verwendung finden. Also wurden im nächsten Schritt die Kurbelwangen aus einem Rundstahl St37k mit 45 Ø erstellt.

Nach dem Planen und Zentrieren beider Kurbelwellenwangen konnten mit einem Bohrer 7,8 Ø die zentrischen Wellenbohrungen gebohrt und mit einer Reibahle 8^{H7} aufgerieben werden. Anschließend, mit einem 8-mm-Passstift versehen, wurden beide Kurbelwangen in den Rundtisch der Fräsmaschine gespannt, mittig ausgerichtet und um 14 mm (Kurbelradius) verfahren. An der neuen Position wurde erneut eine Bohrung 8^{H7} für den Kurbelzapfen eingebracht. Jetzt war es an der Zeit, den Kurbelzapfen und die Wellenenden zu drehen, wobei die einzupressenden Wellen- und Kurbelzapfenenden für den gewählten Schrumpf-Klebesitz ein Aufmaß von 0,03 mm erhielten.

Für den Massenausgleich sollten die Wangen neben dem Kurbelzapfen freigefräst werden. Hierzu wurden beide Wangen mit 8-mm-Paßstiften gegen Verdrehen gesichert, zusammengespannt und freigefräst. Nach dem Fräsvorgang besaßen die Kurbelwangen ihre endgültige Kontur. Jetzt konnte der Kurbelzapfen eingepresst werden. Während dieses Arbeitsganges empfiehlt es sich, die zentrischen Bohrungen erneut mit einem 8-mm-Paßstift gegen Verdrehen zu sichern. Beim anschließenden Einpressen der Wellenenden sollte der Zwischenraum durch ein 10 mm starkes Zwischenstück abgestützt werden, um den späteren Rundlauf der fertigen Kurbelwelle sicherzustellen.

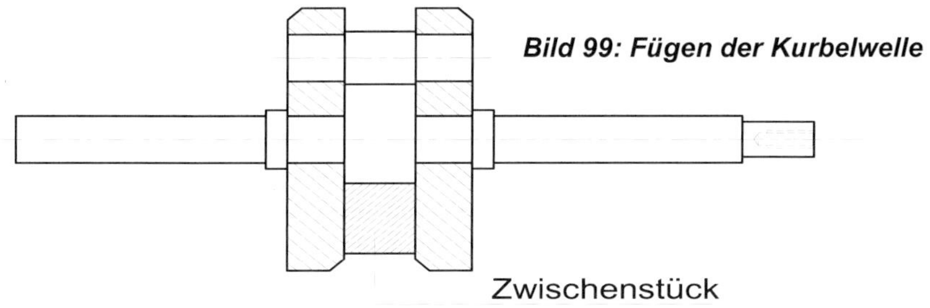

Bild 99: Fügen der Kurbelwelle

Der aus MS 58 bestehende Kreuzkopf wurde konventionell auf der Fräsmaschine hergestellt und anschließend in die Kreuzkopfführung eingepasst.

Ein im Kreuzkopf verschraubter und gekonterter Kurbelstangenbolzen verbindet Kurbeltrieb und Geradführung.

Jetzt folgte die Fertigung der Zylindereinheit aus einem Messingvierkant mit 30 mm Kantenlänge. Wichtig war hierbei, dass die Fläche für den oberen Zylinderdeckel zunächst geplant wurde. Anschließend wurde der Zylinderkörper auf 22^{H7} aufgebohrt und in der gleichen Spannung die Fläche für den unteren Zylinderdeckel geplant. Mit diesem Vorgehen wurde sichergestellt, dass Kolbenstange und Zylinderdeckel exakt fluchten.

Anschließend wurde am Niederzugschraubstock eine Anschlagplatte montiert, die gemeinsam mit der festen Schraubstockbacke den Nullpunkt der folgenden CNC-Bearbeitungen festlegt.

In dieser Spannung wurden die 2 mm breiten Dampfkanäle und die Kernlöcher für die Schieberkastenbefestigung eingebracht.

Nun folgte die Herstellung des Schieberkastens aus MS 58. Die innere Ausfräsung und die Durchgangsbohrungen wurden CNC-gefertigt. Die stirnseitigen Zentrierbohrungen für Schieberstangenführung und Schieberstangenstopfbuchse wurden im Vierbackenfutter hergestellt. Die mittige Ausrichtung erfolgte durch Ausfüttern der geringeren Schieberkastenhöhe mit Beilagen.

Die Befestigungsbohrungen von Schieberstangenstopfbuchse und Schieberstangenführung wurden aber erst nach Fertigstellung dieser beiden Bauteile und Übertragung der Flanschbohrungen auf den Schieberkasten eingebracht.

Die verhältnismäßig große Höhe des Schieberkastens dient dem Abheben des Schiebers im Falle eines Wasserschlags.

Eines der wichtigsten Teile, der Schieberspiegel, wurde ebenfalls CNC-gefräst. Um dieses Teil in einer Spannung fräsen zu können, wurden alle Durchbrüche und Taschen von der später zum Zylinder zeigenden Seite eingebracht.

Beim Schieberkastendeckel wurden die Befestigungsbohrungen und die zentrale Einlassbohrung vorgefertigt und später die Oberseite auf der Drehbank geplant.

Der Schieber entstand in zwei Arbeitsschritten. Im ersten Schritt wurden die, für die Bewegungsübertragung erforderlichen, Durchbrüche konventionell gefräst. Im zweiten Schritt wurden die wichtigeren Steuerkanten des Schiebers, nach den im Kapitel 3 berechneten Vorgaben, CNC-gefräst.

Nach dem Einpassen des Mitnehmers in den Schieber konnte der Schieberkasten vormontiert werden.

Der mit drei Nuten versehene Kolben wurde nach dem Einpassen in den Zylinder noch mit PTFE-Kolbenringen versehen.

Die Zylinderdeckel bestehen aus dem gleichen Vierkantmaterial wie der Zylinder. Eine Besonderheit stellt der untere Zylinderdeckel dar, da er sowohl Zentrierflansch ist als auch die Kolbenstangenstopfbuchse aufnimmt.

Mit Fertigstellung der Zylinderstützplatte konnten Zylinder und Schieberkasten fertigmontiert werden.

Anschließend wurde der zweiteilige Exzenter gefertigt, wobei ein 2,5-mm-Passstift die Mitnahme des Exzentergrundteils sicherstellt.

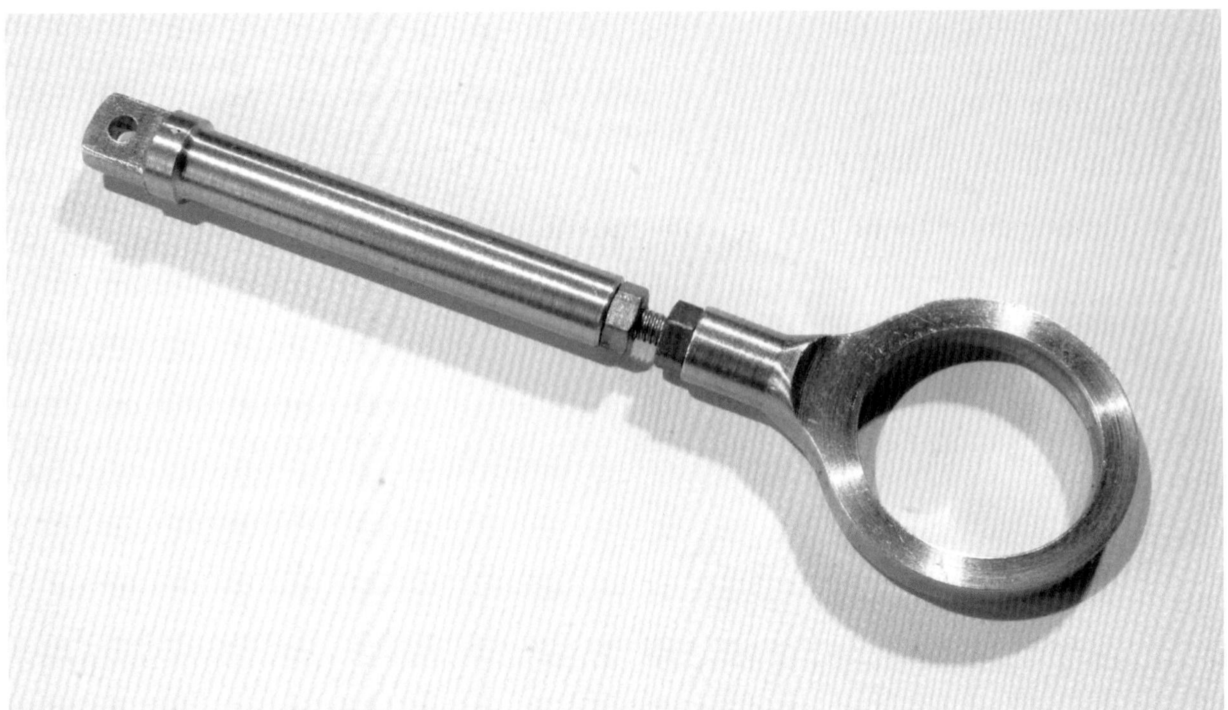

Die Exzenterstange ist zur Ausrichtung des Schiebers mit einem Gewindebolzen versehen.

Zur Erzeugung einer ausreichenden Schwungmasse wurde das AL-Schwungradinnenteil mit einem Stahlring verklebt und fertiggedreht. Die Wahl einer Verklebung ist wegen der deutlich größeren Wärmedehnung von Aluminium absolut unproblematisch.

Nach der Endmontage werden Schieber und Exzenter entsprechend den Berechnungswerten ausgerichtet.

Im ersten Schritt gilt es, den Schieber so einzustellen, dass sich eine zum Schieberspiegel symmetrische Totpunktlage ergibt. Erleichtert wird diese Arbeit durch die verhältnismäßig große Frischdampföffnung, die es ermöglicht, den Abstand des Schiebers zur Schieberkastenaußenkante zu messen (siehe Bild 117). Die eigentliche Einstellung erfolgt durch Veränderung des Abstandes zwischen Exzenterauge und Exzenterstange.

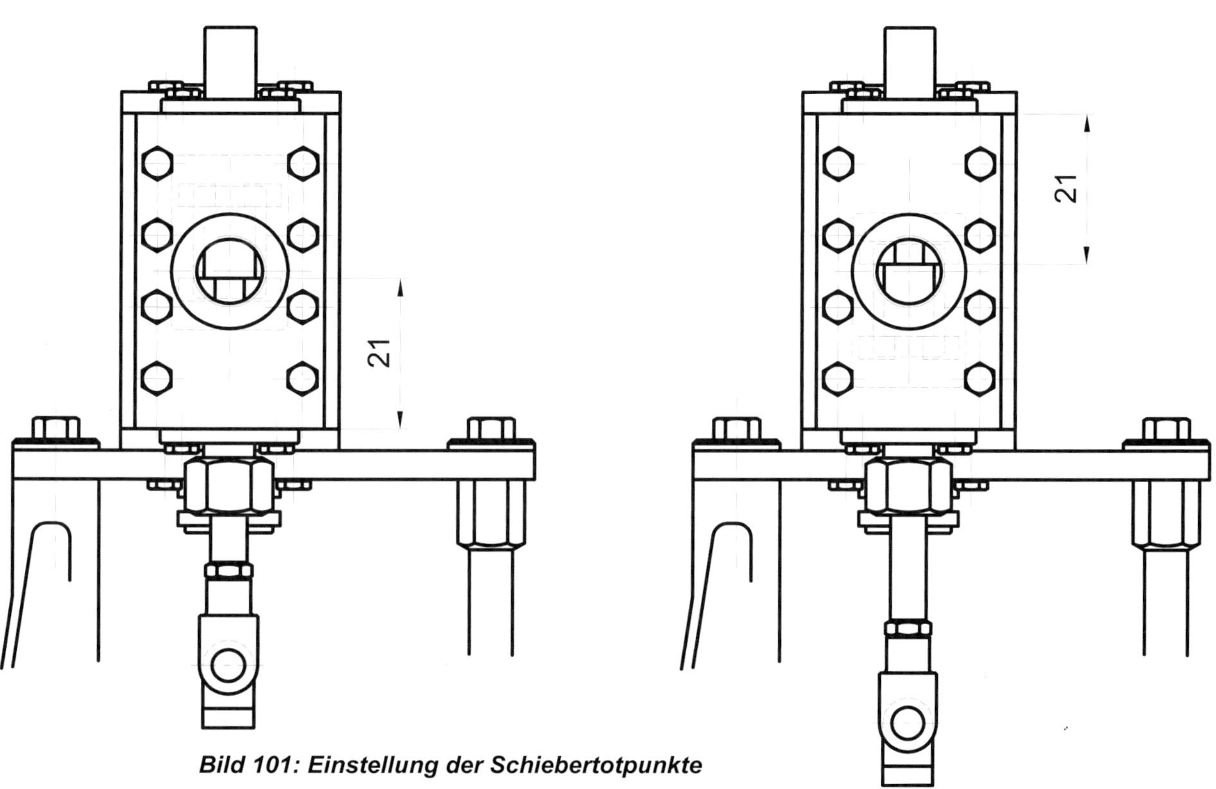

Bild 101: Einstellung der Schiebertotpunkte

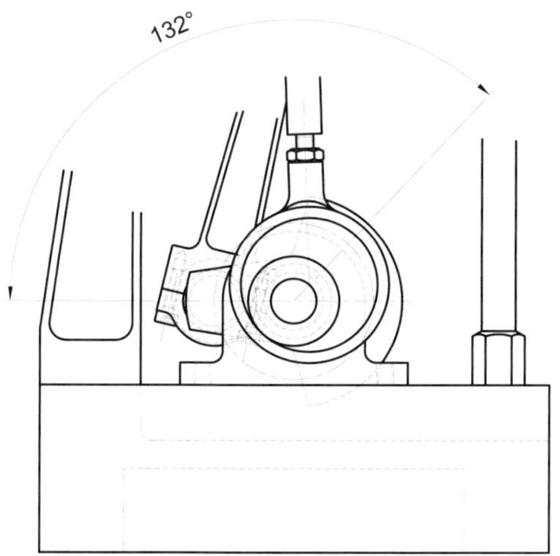

Bild 102: Exzentereinstellung

Nach dem Justieren der Schiebertotpunkte ist der Exzenter auf den gewünschten Vorlaufwinkel einzustellen. Aus den Berechnungen wissen wir, dass der Winkelversatz zwischen Kurbel und Exzenter bei äußerer Einströmung 132° betragen soll.

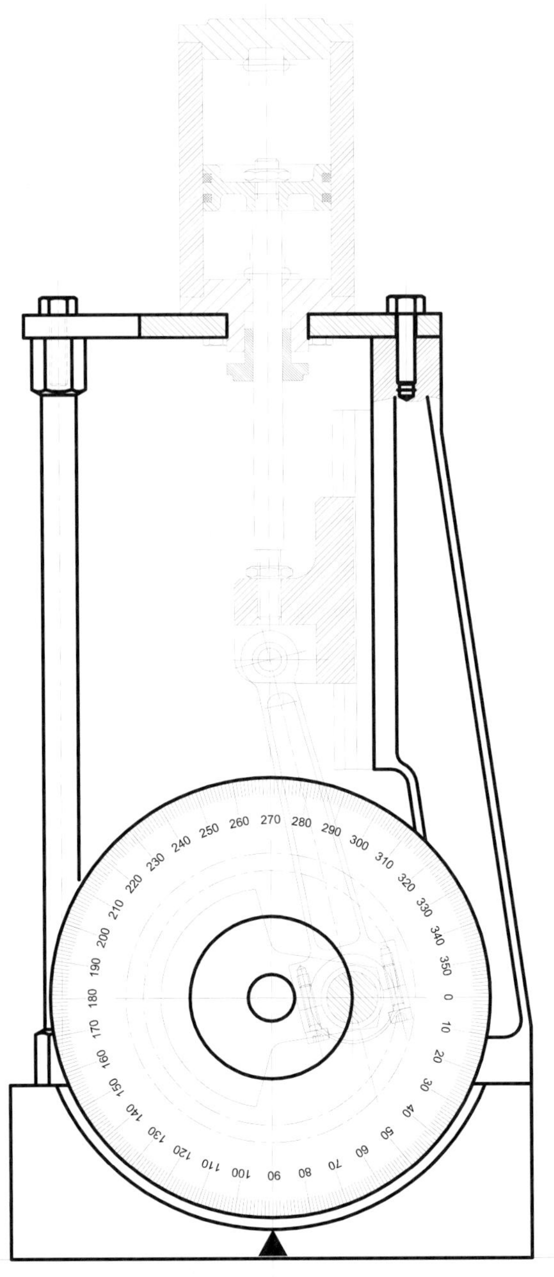

Bild 103: Einstellhilfe

Um diesen Winkel möglichst genau zu treffen, ist die Verwendung einer maschinenbezogenen Gradscheibe empfehlenswert. Diese Gradscheibe wird anstelle des Schwungrades auf den Kurbelzapfen montiert und nutzt einen Bezugspunkt zur Grundplatte. Ich habe hierfür einen 360°-Plot in CAD erstellt, der auf eine Plexiglasscheibe geklebt wurde und eine dem Kurbelwellenzapfen entsprechende Nabe erhielt.

Natürlich wird für die Einfachexzentermaschine an dieser Stelle auch die Laufrichtung der Maschine festgelegt. Für die bisher beschriebene Basismaschine mit Einfachexzenter ist nur eine Drehrichtung möglich. Um die Drehrichtung und damit auch die Größe der Füllung zu bestimmen, wird eine der im Abschnitt 2.2 beschriebenen äußeren Steuerungsvarianten erforderlich.

Viele Modellmaschinen nutzen die Stephenson-Steuerung, so dass auch ich mich entschlossen habe, den Zeichnungsanhang um diese Steuerungsvariante zu ergänzen.

Den Abschluss der Einstellarbeiten bildete ein auf Anhieb erfolgreicher Probelauf.

Maschine mit einfacher Schiebersteuerung ohne Drehrichtungsumkehr

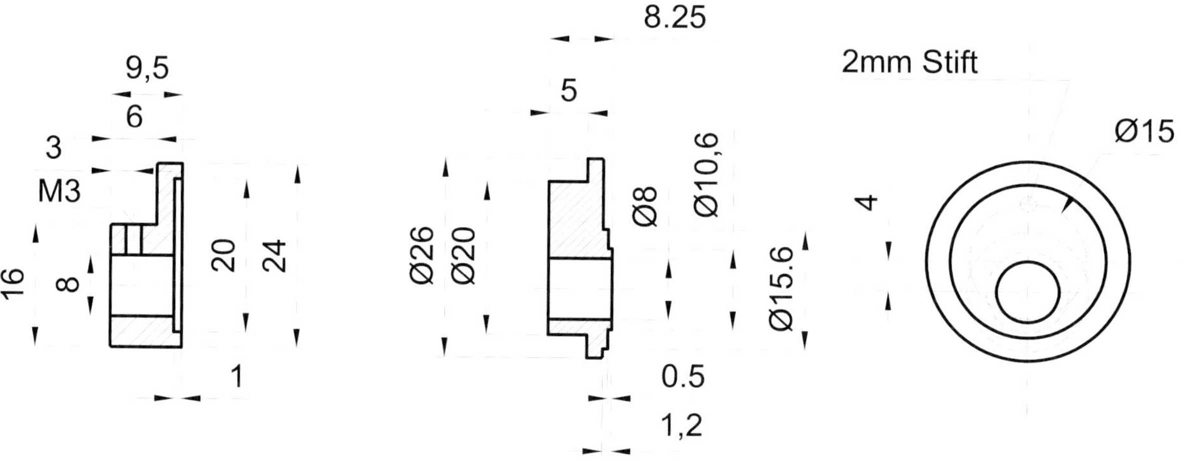

Pos. 1 und 2 Exzenterdeckel und Exzenter

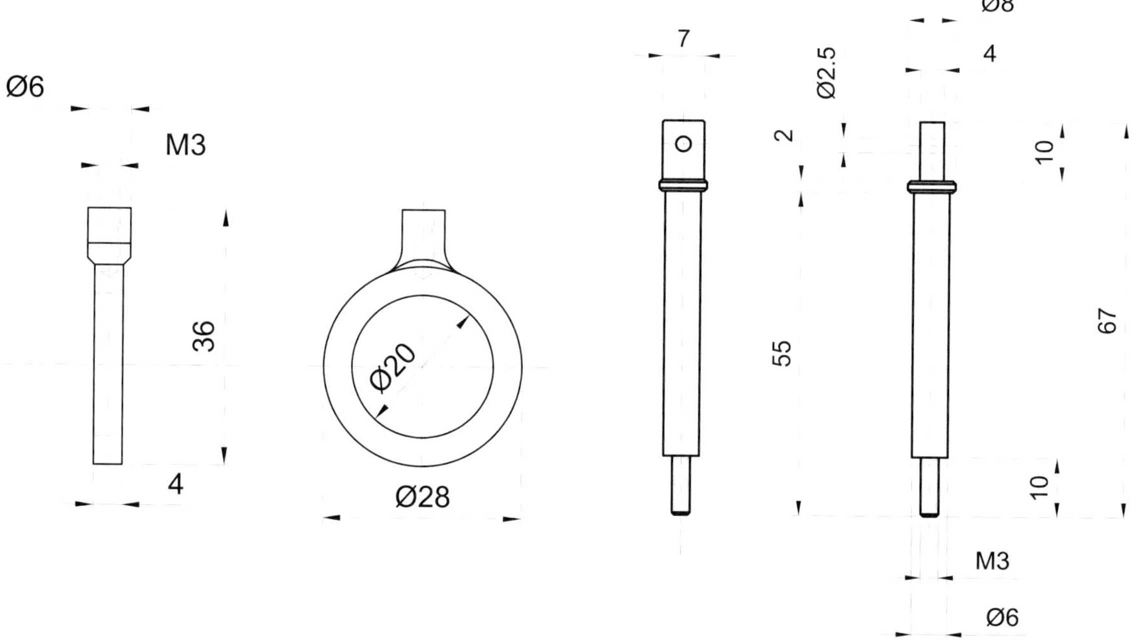

Pos. 3 Exzenterauge

Pos. 4 Exzenterstange

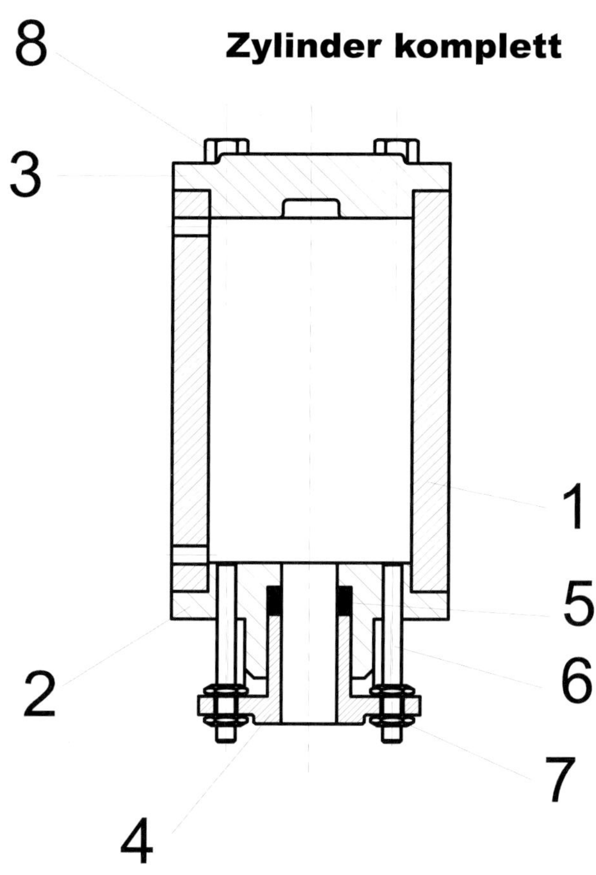

Pos.	Benennung	Material	Abmessung	Stück
1	Zylinder	MS 58		1
2	Deckel unten	MS 58		1
3	Deckel oben	MS 58		1
4	Stopfbuchsbrille	MS 58		1
5	Stopfbuchspackung	PTFE	Ø 8,8 / Ø 6 / 3 lang	1
6	Gewindebolzen	St	M2 x 20	2
7	Sechskantmutter	St	M2	4
8	Sechskantschraube	MS	M2,5 x 8	4

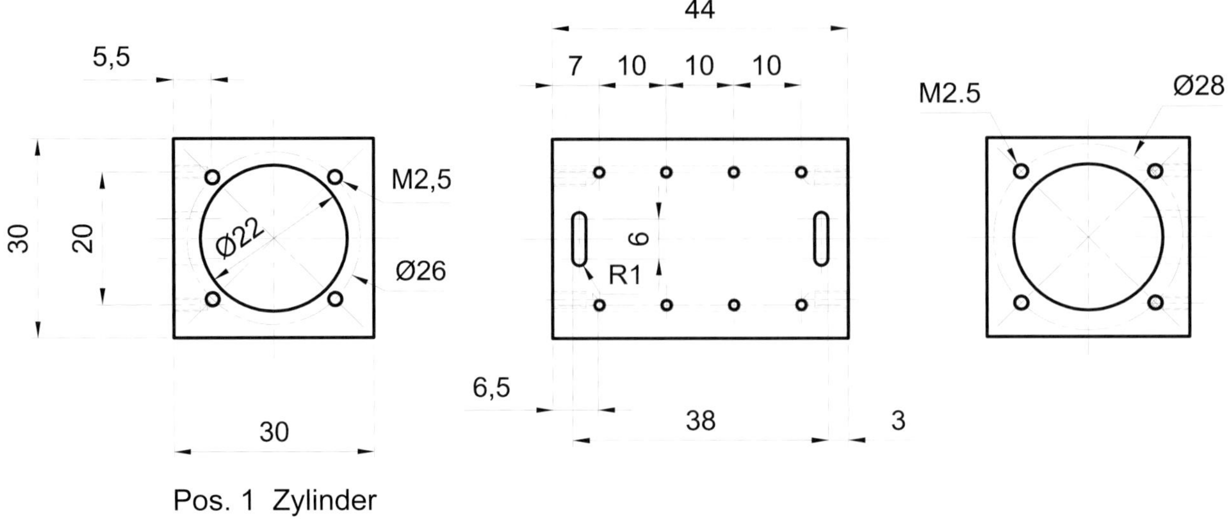

Pos. 1 Zylinder

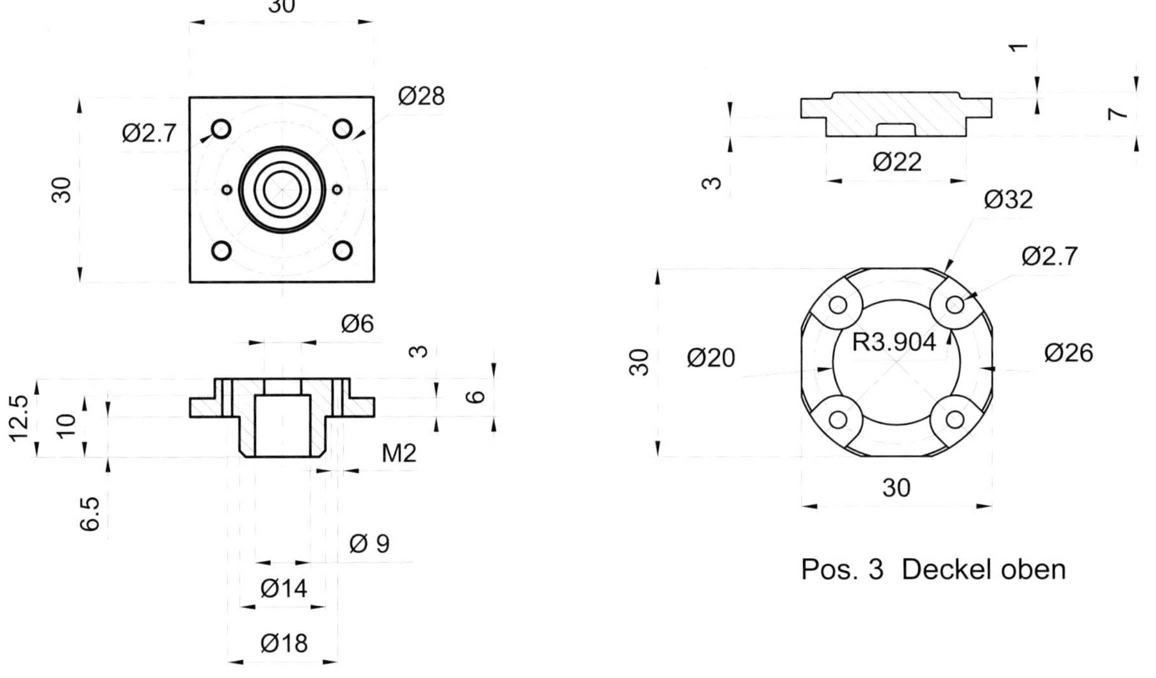

Pos. 3 Deckel oben

Pos. 2 Deckel unten

Ø12
Ø6
Ø2.2
R3
14
18
9
12
1
2

Pos. 4 Stopfbuchsbrille

Baubeschreibung Stephenson-Steuerung komplett

Als Ergänzung der bereits beschriebenen Maschine mit einfacher Schiebersteuerung wurde eine Variante mit Stephenson-Steuerung gebaut. Damit die berechneten Bauteile wie Schieber, Schieberspiegel, Exzenterhub und Exzenterstangenlänge ohne Veränderung erhalten bleiben, müssen einige Bauteile verändert werden.

Die Bewegungsfreiheit der Kulisse erfordert einen neuen Stangenkopf mit einer Gabelbreite von 4 mm und größerer Gabelhöhe.

Insbesondere die veränderten Abstände im Exzentertrieb führen zu einer neuen kürzeren Schieberstange.

Da die gesamte Bauhöhe der Maschine unverändert bleibt, kann die Zylinderstütze 1 um die Befestigungsbohrungen der Steuerungsmechanik ergänzt werden (siehe Montagezeichnung).

Die CNC-Fertigung von Kulisse und Exzenterstangen reduziert nicht nur den Arbeitsaufwand, sondern ermöglicht auch eine höhere Genauigkeit. Generell sind aber auch diese Teile wie alle anderen Bauteile in manueller Technik herstellbar.

Der vorgegebene Abstand zwischen Kurbelwellenlager und Schieberstangenmitte zwingt zu Exzenterstangen mit nur 2 mm Dicke. Dies wiederum muss auch bei den Exzentern (Vor- und Rückwärtsexzenter) Berücksichtigung finden.

Zur exakten Übernahme der berechneten Voreilwinkel wurden die Exzenter mit einem Passstift versehen, der außerdem die sichere verdrehungsfreie Mitnahme des inneren Exzenters garantiert.

Bei der Herstellung der Exzenter wurde zunächst, passend zur Exzenterstange, die Exzenterlauffläche gedreht und dann, mit Hilfe eines Rundtischs, die Fräsmaschinenspindel auf den Exzentermittelpunkt ausgerichtet. Jetzt wird der Exzenter um den Betrag der Exzentrizität verfahren und die Exzenterbohrung eingebracht. Wichtig ist, dass in der gleichen Spannung auch die Passstiftbohrung winkelgenau vorgebohrt wird. Dies gilt für beide Exzenter. Als Passstift im Bereich bis 3 mm verwende ich vorzugsweise Nadeln aus alten Nadellagern.

Der eingekürzte Passstift wird abschießend in den zur Kurbelwelle weisenden Exzenter eingeklebt.

Besonderer Beachtung bedarf noch die Kulissenstange, die im unteren Gabelbereich eine Aussparung erhalten muss. Durch die bereits beschriebenen begrenzten Platzverhältnisse, würde sonst, in der „Rückwärtsstellung" der Kulisse, eine Schraube des Kulissenflansches gegen die Kulissenstange stoßen.

Variante mit Stephenson-Steuerung

Zeichnungssatz Stephenson-Steuerung

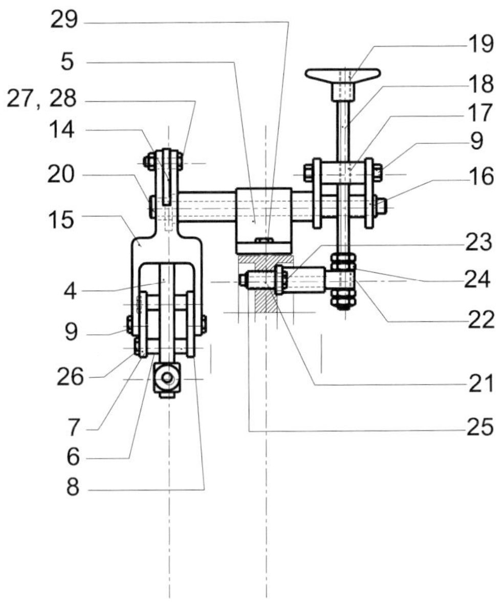

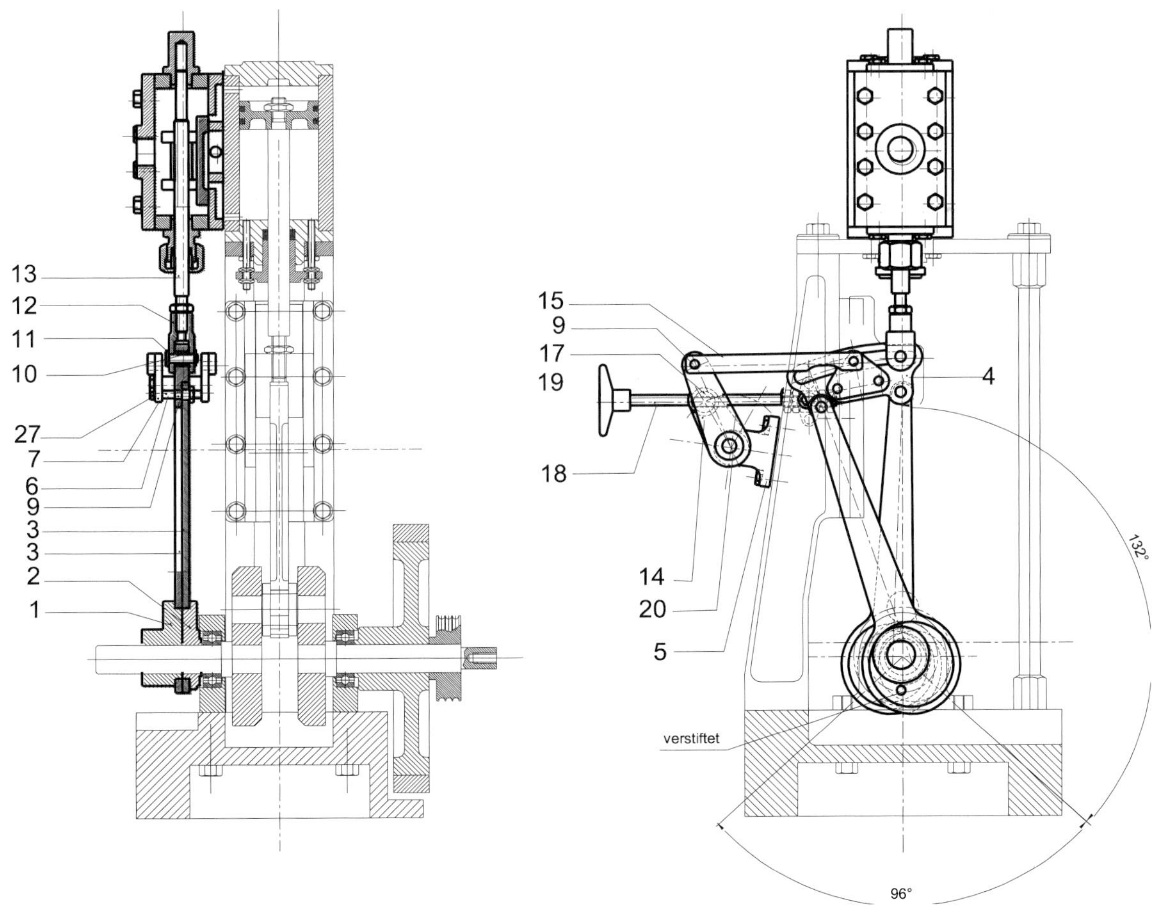

Pos.	Benennung	Material	Abmessung	Stück
1	Vorwärtsexzenter	C 45		1
2	Rückwärtsexzenter	C 45		1
3	Exzenterstange	MS 58		2
4	Kulisse	MS 58		1
5	Lagerbock	MS 58		1
6	Distanzbüchse	MS 58		4
7	Kulissenflansch	MS 58		1
8	Kulissenflansch	MS 58		1
9	Exzenterstangenbolzen	C 45		4
10	Kulissenstein	C 45		1
11	Kulissenbolzen	St		1
12	Stangenkopf	MS 58		1
13	Schieberstange	St		1
14	Kulissenhebel	MS 58		1
15	Kulissenstange	MS 58		1
16	Spindelhebel	MS 58		1
17	Spindelmutter	MS 58		1
18	Spindel	St		1
19	Handrad	MS 58		1
20	Verstellwelle	C 45		1
21	Lagerflansch	MS 58		1
22	Spindellager	9S20k		1
23	Sechskantschraube	MS	M2 x 8	2
24	Sechskantmutter	St	M3	4
25	Wellenring	St	Ø 3	1
26	Passschraube	St	M2,5 x 15	2
27	Passschraube	St	M3 x 8,5	1
28	Sechskantmutter	St	M3	1

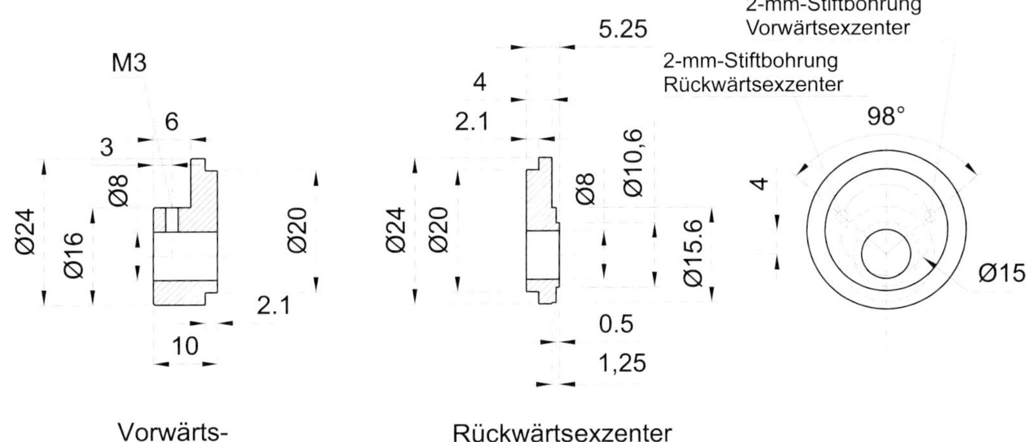

Pos. 1 und 2 Vorwärts- und Rückwärtsexzenter

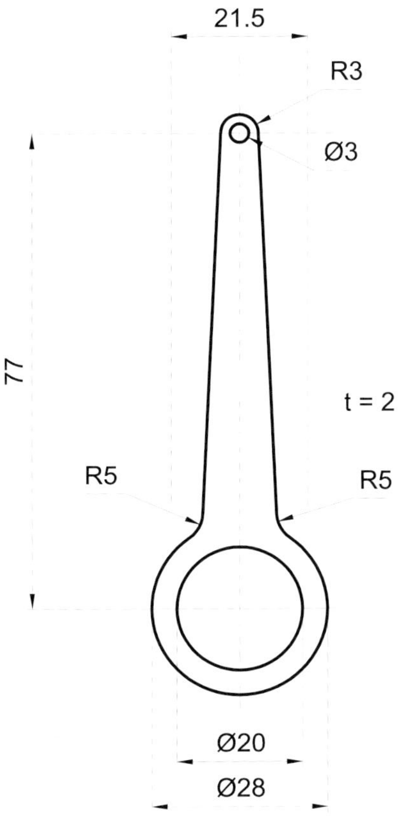

21.5
R3
Ø3
77
t = 2
R5
R5
Ø20
Ø28

Pos. 3 Exzenterstange 2x

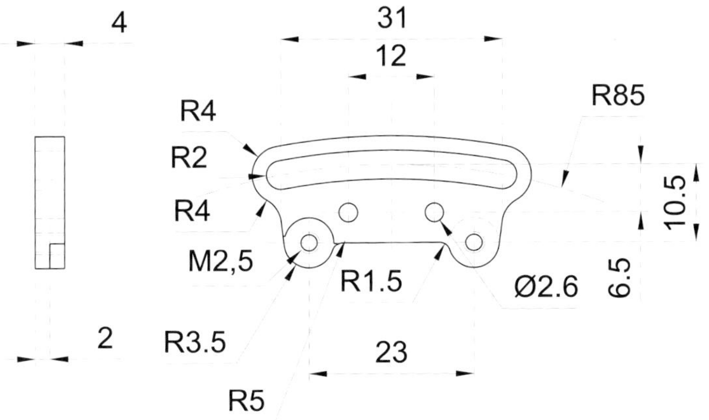

Ø2.6
Ø4
3.5

4
2
31
12
R4
R2
R4
M2,5
R85
R1.5
Ø2.6
10.5
6.5
R3.5
23
R5

Pos. 4 Kulisse

Ø5.6
R5
Ø2.6
Ø4
13
0.5
15
19
25
3

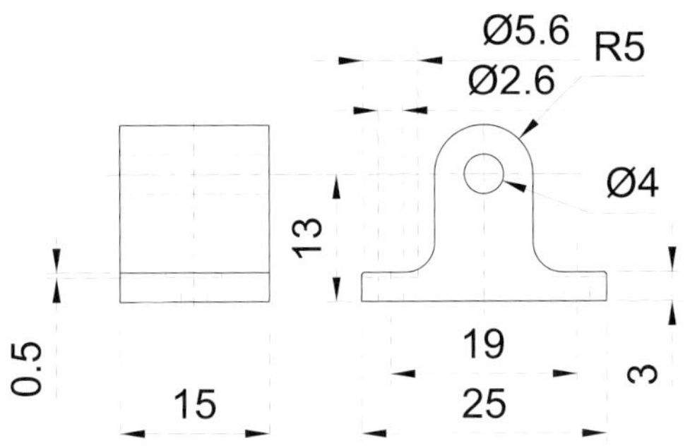

Pos. 5 Lagerbock

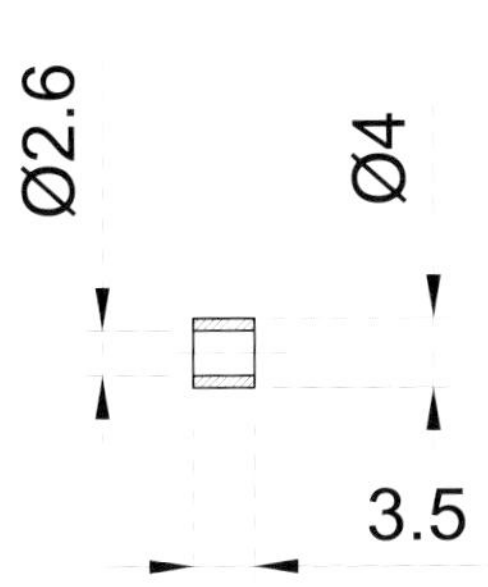

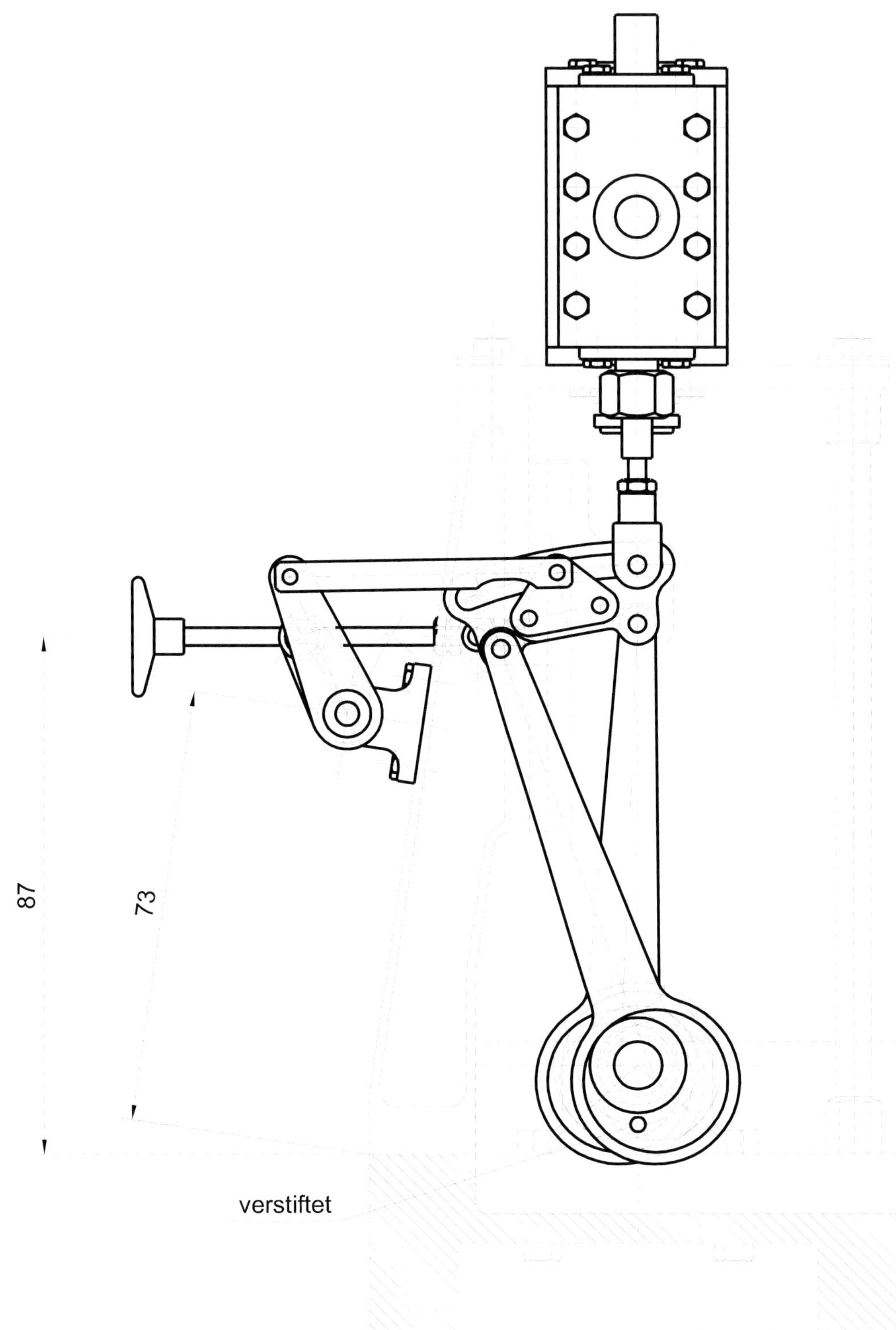

Montage der Umsteuerung an der Zylinderstütze

8. Anhang

8.1 Ableitung der Wege und Winkel

Grundlage dieser Berechnung bilden die geometrischen Zusammenhänge im Kurbeltrieb, wobei auch der Exzenterantrieb des Schiebers wie ein Kurbeltrieb zu behandeln ist.

Bild 104: Kurbeltrieb

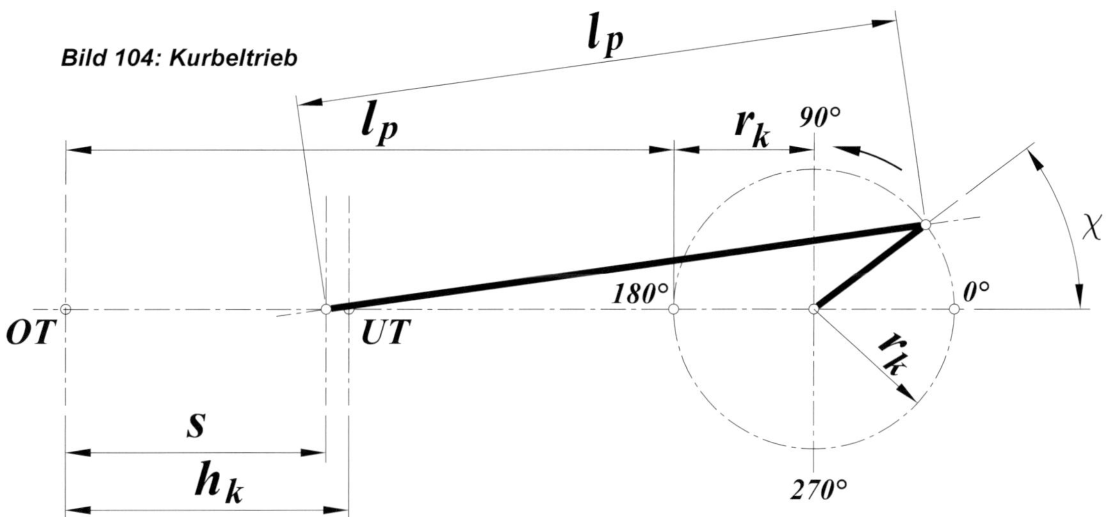

χ : Kurbelwinkel in [°] von 0° aus beginnend
r_k : Kurbelradius [mm]
l_p : Pleuelstangenlänge [mm]
s : Kolbenweg [mm] von OT ausgehend
h_k : Hub [mm] – Kolbenhub bisher mit h_k bezeichnet
OT : oberer Totpunkt
UT : unterer Totpunkt

Bild 101 zeigt die für die Berechnung des Kolbenwegs aus dem Kurbelwinkel vorzugebenden Parameter.

Eine wesentliche Festlegung besteht in der Anordnung des Kurbelmittelpunktes im Ursprung des Koordinatensystems (Bild 105). Hierdurch wird es möglich, die Winkel und damit auch die Berechnung der Wege den vier Quadranten des Koordinatensystems zuzuordnen.

Eine weitere Festlegung bildet der Nullpunkt des Kurbelwinkels im Schnittpunkt des Kurbelkreises mit der positiven X-Achse. Hierdurch wird, bei linksdrehender Kurbel, die vorzeichenrichtige Anwendung der Winkelfunktionen über 360° sichergestellt.

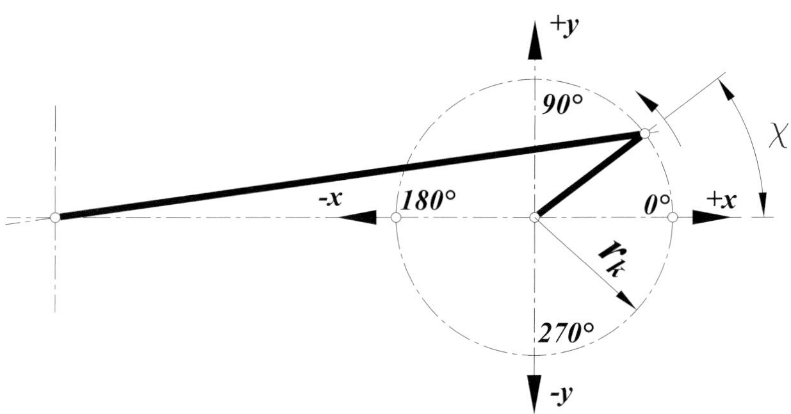

Bild 105: Anordnung des Kurbeltriebs im Koordinatensystem

Erste Möglichkeit der Berechnung des Kolbenwegs

Kolbenweg im 1. Quadranten:

gegeben: χ, r_k, l_p

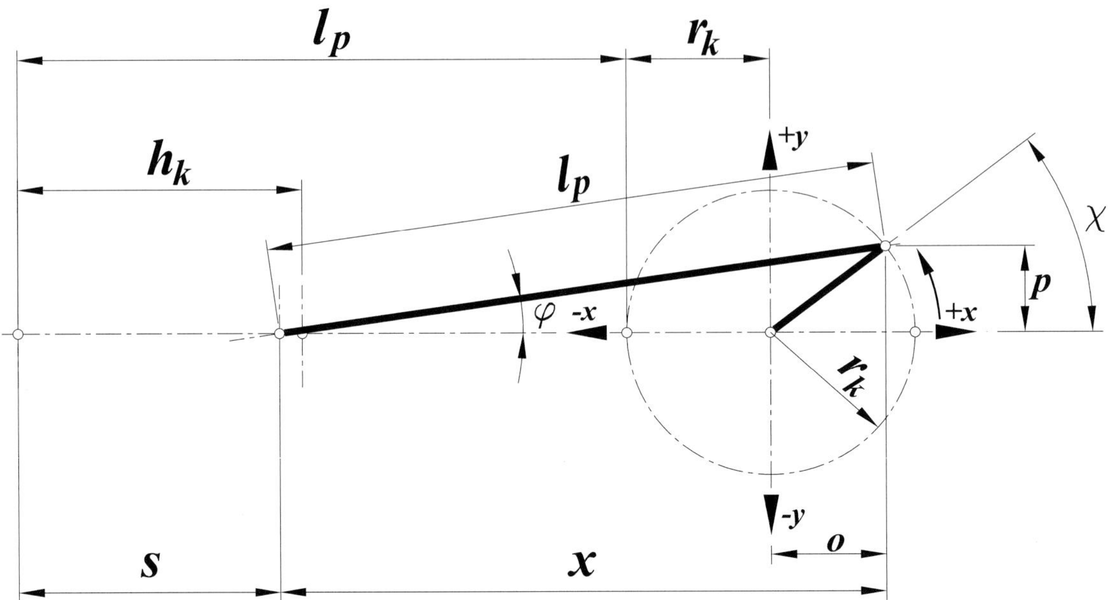

Bild 106: Kurbel im ersten Quadranten

Die Koordinaten des Kurbelbolzens auf dem Kurbelkreis berechnen sich nach:

$p = r_k \cdot \sin \chi$ (+y) (1)

$o = r_k \cdot \cos \chi$ (+x) (2)

Der Abstand χ, zwischen Kurbelbolzen und Pleuelauge, beträgt unter Anwendung des Satzes von Pythagoras:

$x = \sqrt{l_p^2 - p^2}$ und mit $p = r_k \cdot \sin \chi$ wird $x = \sqrt{l_p^2 - (r_k \cdot \sin \chi)^2}$ (3)

Außerdem ist

$s = o + r_k + l_p - x$ wobei für o der Term $r_k \cdot \cos \chi$ eingesetzt werden kann

$$s = r_k \cdot \cos \chi + r_k + l_p - x$$

Setzt man für x den Term $\sqrt{l_p^2 - (r_k \cdot \sin \chi)^2}$ ein,
so erhält man für den Kolbenweg im Winkel χ:

$$s = r_k \cdot \cos \chi + r_k + l_p - \sqrt{l_p^2 - (r_k \cdot \sin \chi)^2} \quad (4)$$

Kolbenweg im 2. Quadranten

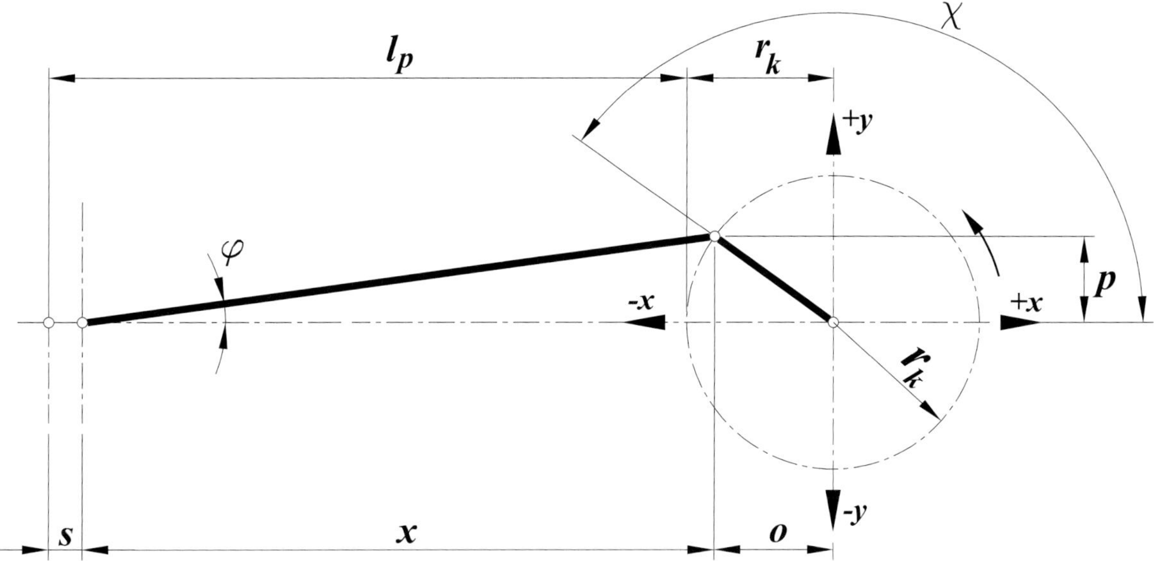

Bild 107: Kurbel im zweiten Quadranten

Die Koordinaten des Kurbelbolzens auf dem Kurbelkreis im zweiten Quadranten berechnen sich nach:

$$p = r_k \cdot \sin \chi \qquad (+y)$$

$$o = r_k \cdot \cos \chi \qquad (+x)$$

Da der Wert ***o*** aufgrund des negativen Cosinus auch negativ wird, bleibt die Summenformel für den Kolbenweg unverändert.

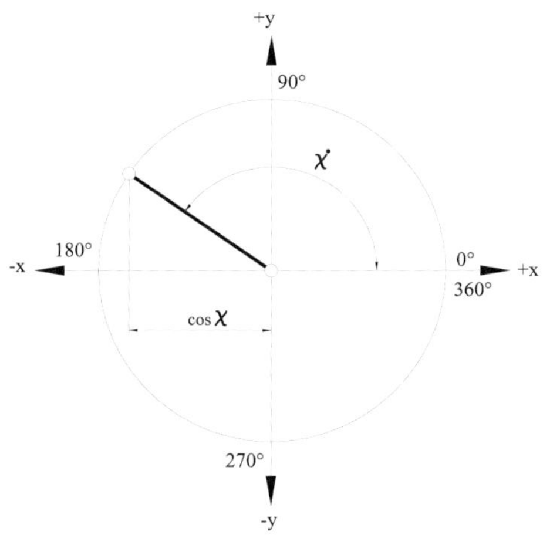

Bild 108: Cosinus im zweiten Quadranten

$$s = o + r_k + l_p - x$$

Somit ist auch die aufgelöste Formel für den Kolbenweg identisch mit der Formel des 1. Quadranten.

$$s = r_k \cdot \cos\chi + r_k + l_p - \sqrt{l_p^2 - (r_k \cdot \sin\chi)^2}$$

Kolbenweg im 3. Quadranten

Im 3. Quadranten werden beide Koordinaten (***o*** und ***p***) negativ.

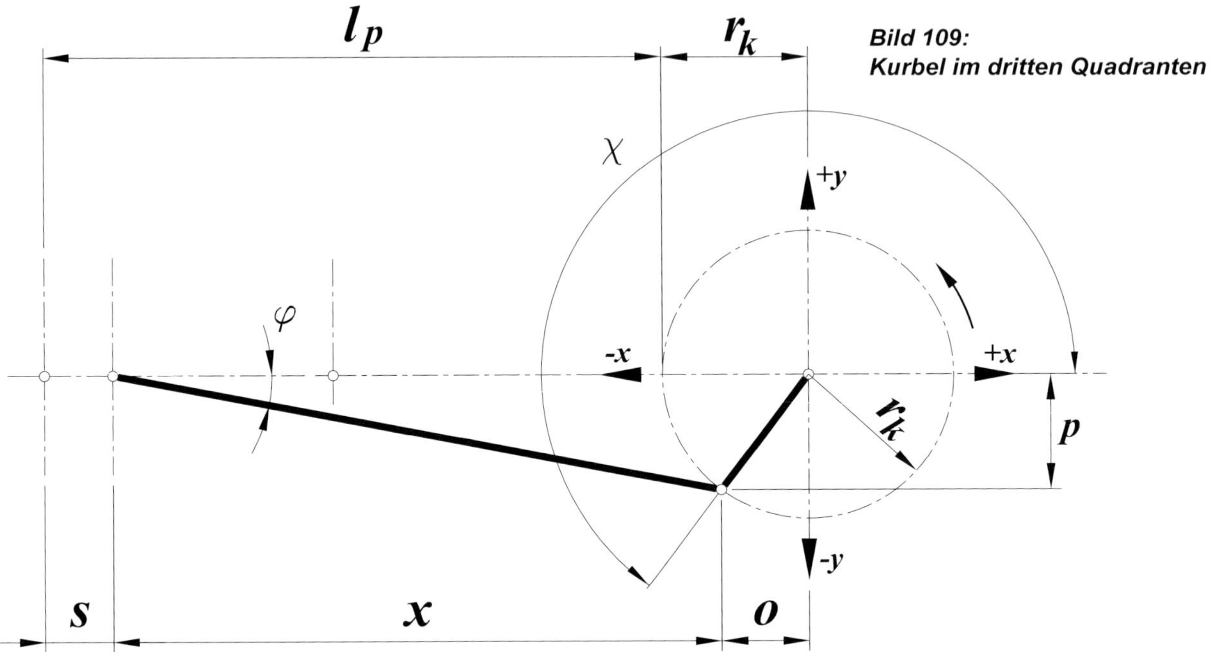

Bild 109: Kurbel im dritten Quadranten

Im 3. Quadranten ist der Cosinus immer noch negativ, somit wird auch der Wert ***o*** negativ und die Summenformel kann ebenso wie die Formel für den Kolbenweg unverändert angewandt werden.

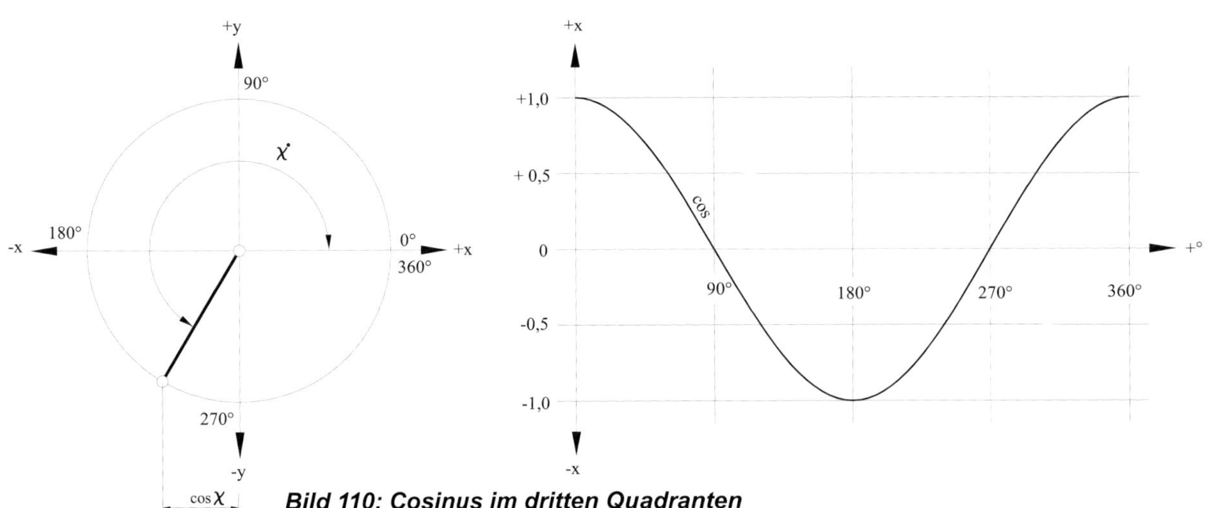

Bild 110: Cosinus im dritten Quadranten

$$s = o + r_k + l_p - x$$

$$s = r_k \cdot \cos\chi + r_k + l_p - x$$

$$s = r_k \cdot \cos\chi + r_k + l_p - \sqrt{l_p^2 - (r_k \cdot \sin\chi)^2}$$

Kolbenweg im 4. Quadranten

Im 4. Quadranten ist nur der Wert p noch negativ.

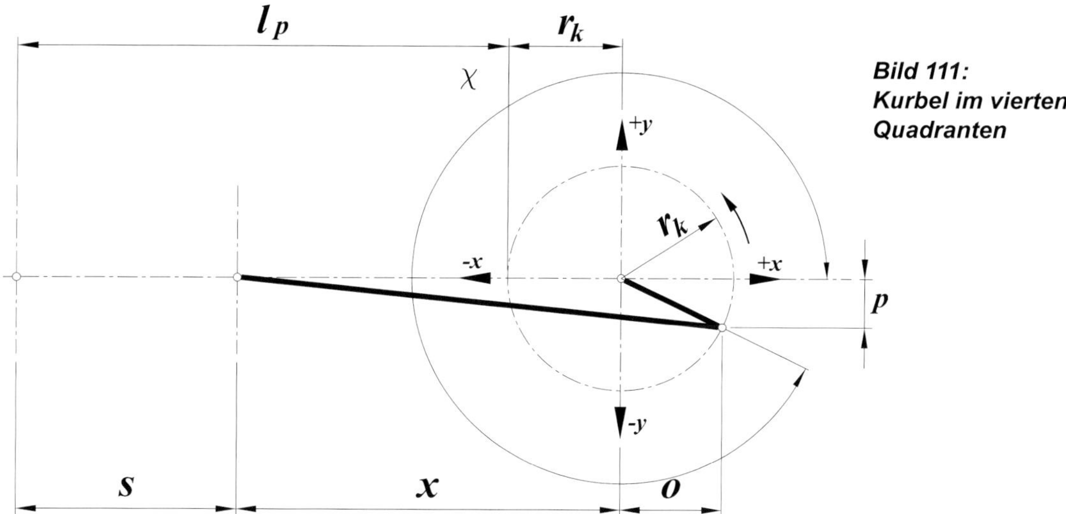

Bild 111: Kurbel im vierten Quadranten

Der Wert o ist im vierten Quadranten aufgrund des positiven Cosinus wieder positiv und die Summenformel kann ebenso wie die Wegformel erneut unverändert übernommen werden.

$$s = o + r_k + l_p - x$$

$$s = r_k \cdot \cos\chi + r_k + l_p - \sqrt{l_p^2 - (r_k \cdot \sin\chi)^2} \quad r_k \text{ ausgeklammer}$$

$$s = r_k \cdot (1 + \cos\chi) + l_p - \sqrt{l_p^2 - (r_k \cdot \sin\chi)^2}$$

Zweite Möglichkeit der Berechnung des Kolbenwegs

Bei dieser Variante wird das Wurzelglied der ersten Formel über die Winkelfunktionen und deren Umwandlungen berechnet.

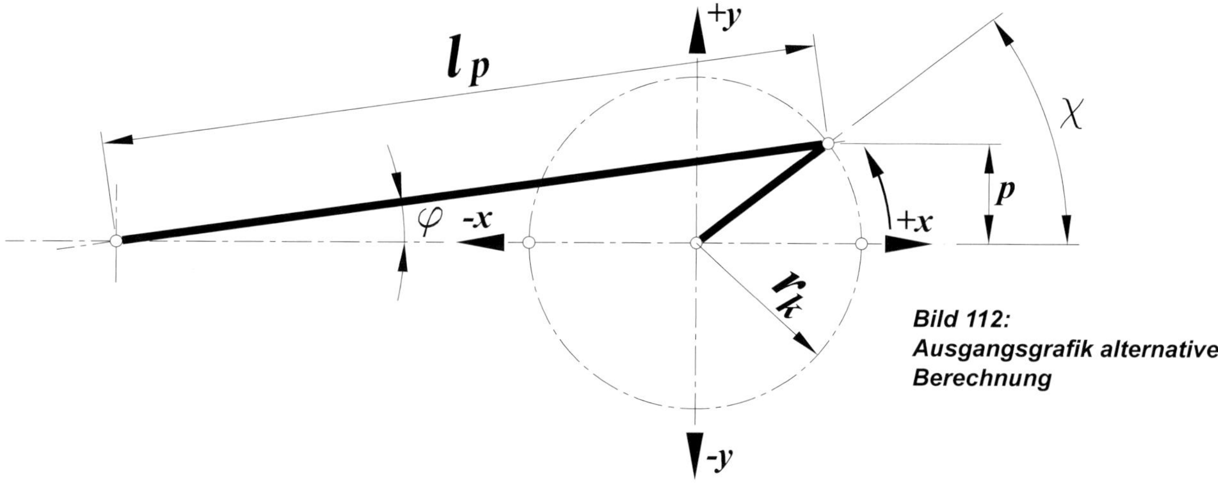

Bild 112: Ausgangsgrafik alternative Berechnung

Aus dem zweiten Summanden dieser Formel lässt sich nochmals $\frac{\alpha}{360}$ ausklammern und man erhält:

$$\Delta Z = \left[(Z1 + Z2) \cdot \frac{Z3}{Z4} + Z4 \right] \cdot \frac{\alpha}{360}$$

Multipliziert man den Quotient Z3/Z4 in die Klammer, so wird hieraus:

$$\Delta Z = \left[\frac{Z1 \cdot Z2}{Z4} + \frac{Z2 \cdot Z3}{Z4} + Z4 \right] \cdot \frac{\alpha}{360}$$

Da in diesem speziellen Fall Z1 = Z4 und Z2 = Z3 ist, lässt sich die Formel weiter vereinfachen.

$$\Delta Z = \left[\frac{Z1 \cdot Z2}{Z1} + \frac{Z2 \cdot Z2}{Z1} + Z1 \right] \cdot \frac{\alpha}{360}$$

Gekürzt und ausmultipliziert ergibt dies:

$$\Delta Z = \left[Z2 + \frac{Z2^2}{Z1} + Z1 \right] \cdot \frac{\alpha}{360}$$

Wichtiger als die Zähnezahl des Verdrehwinkels ist jedoch der Winkel β selbst. Berechnen lässt sich dieser Winkel nach:

$$\beta = \frac{360}{Z4} \cdot \Delta Z$$

Da in unserem Fall Z4 = Z1 ist, kann man auch schreiben:

$$\beta = \frac{360}{Z1} \cdot \Delta Z \quad \text{bzw.} \quad \beta = \frac{360}{Z1} \cdot \frac{\alpha}{360} \cdot \left[Z2 + \frac{Z2^2}{Z1} + Z1 \right]$$

Gekürzt wird hieraus:

$$\beta = \cdot \frac{\alpha}{Z1} \cdot \left[Z2 + \frac{Z2^2}{Z1} + Z1 \right]$$

Mit realen Zähnezahlen von Z1 = 27, Z2 = 50 und einem Schwenkwinkel α = ±15° ergibt sich eine Exzenterwellenverstellung von:

$$\pm \beta = \frac{15}{27} \cdot \left[50 + \frac{50^2}{27} + 27 \right] = \pm 94{,}218°$$ was einer absoluten Exzenterwellenverstellung von:

188,436° entspricht.

Quellenverzeichnis:

[1] DUBBEL Taschenbuch für den Maschinenbau, 13. Auflage, Kraft und Arbeitsmaschinen mit Kolbenbewegungen (Kolbendampfmaschinen), Seite 102

[2] DUBBEL Taschenbuch für den Maschinenbau, 13. Auflage, Kraft und Arbeitsmaschinen mit Kolbenbewegungen (Kolbendampfmaschinen), Seite 103

[3] DUBBEL Taschenbuch für den Maschinenbau, 13. Auflage, Kraft und Arbeitsmaschinen mit Kolbenbewegungen (Kolbendampfmaschinen), Seite 103

[4] DUBBEL Taschenbuch für den Maschinenbau, 13. Auflage, Kraft und Arbeitsmaschinen mit Kolbenbewegungen (Kolbendampfmaschinen), Seite 103 (Springer)

[5] DUBBEL Taschenbuch für den Maschinenbau, 13. Auflage, Kraft und Arbeitsmaschinen mit Kolbenbewegungen (Kolbendampfmaschinen), Seite 103 (Springer)

[6] Handbuch Modelldampfmaschinen, Neckar-Verlag, Seite 388

[7] Niederstrasser Leitfaden für den Dampflokomotivdienst, Seite 106

[8] Freytag Hilfsbuch für den Maschinenbau, 4. Auflage (Springer)

[9] Meyers großes Konversationslexikon (Dampfmaschinen)

[10] Dampf 22 Dampfsteuerungen oszillierend, Neckar-Verlag, Seite 11-13

[11] Dampf 33/34 einfache oszillierende Dampfmaschinen, Neckar-Verlag

[12] Handbuch Modelldampfmaschinen, Neckar-Verlag, Seite 122-156

[13] Journal Dampf und Heißluft 3/2008, Seite 72

[14] Freytag Hilfsbuch für den Maschinenbau, 4. Auflage, Seite 491 (Springer)

[15] Freytag Hilfsbuch für den Maschinenbau, 4. Auflage, Seite 524 (Springer)

[16] DUBBEL Taschenbuch für den Maschinenbau, 9. Auflage, Kraft und Arbeitsmaschinen mit Kolbenbewegungen (Kolbendampfmaschinen), Seite 91 (Springer)

[17] Matschoss 1 Die Entwicklung der Dampfmaschine, Seite 674-678

[18] Sigvard Strandh: Die Maschine, Herder-Verlag, Seite 127

[19] Journal Dampf und Heißluft 3/2008, Seite 72

[20] Meyers Konversationslexikon, 17. Ergänzungsband 1885-1892, Seite 204 und 205

[21] Matschoss Band 2, Seite 534

[22] Blum – von Borries – Barkhausen: Die Lokomotiven Band 1 von 1897

[23] Matschoss Band 1, Seite 742-744

[24] Dampf 35 Zwei- und Dreizylinderdampfmaschine mit Maudslay-Steuerung

[25] Niederstrasser Leitfaden für den Dampflokomotivdienst, Seite 110-113

[26] Strömungen von Dampf, Luft und Wasser in Dampflokomotivmodellen, Neckar-Verlag, Seite 9

[27] Freytag Hilfsbuch für den Maschinenbau, 4. Auflage, (Springer) Seite 500